U0060583

張凱文◎著

5年內，一定要存到

Saved to
one million

100萬

5年內,一定要存到100萬 / 張凱文著. -- 初版. --

臺北市：羿勝國際, 2017.12

　　面；　公分

ISBN 978-986-95518-8-5(平裝)

1.儲蓄 2.個人理財

421.1　　　　　　　　　　　　106020873

作　　者　張凱文

出　　版　羿勝國際出版社

初　　版　2017年12月

電　　話　（02）2297-1609

地　　址　新北市泰山區明志路2段254巷16弄33號4樓

定　　價　請參考封底

印　　製　東豪印刷事業有限公司

總 經 銷　羿勝國際出版社

聯絡電話　(02)2236-1802

公司地址　220新北市板橋區板新路90號1樓

e-mail　　yhc@kiss99.com

勤能生財，

儉能守成。

前言 *Foreword*

以下是你的寫照嗎？

每日風雨無阻上班的你，明明每天都有上班，銀行存款卻連一個名牌包也買不起，每回朋友聚餐，總是只能點便宜的定食，只要當月買了新衣或新包，當月就得三餐吃泡麵，甚至啃饅頭，這樣的日子，你，過膩了嗎？

古代先人無不一的在告誡我們，清心寡欲、粗茶淡飯才是最好的健康之道，就世界來說開源節流能保護地球環境生態，就國家來說是富強康樂之根本，就個人來說是成功立業之根基，然而想要在全世界正處於嚴重的經濟蕭條、失業率增加、收入降低、物價飛漲的年代，「節流」就成了所有人現今必修的課題。

省錢方式，反映了一個人的生活態度，在萬物皆漲，薪水遲遲不漲的情況下，懂得省錢，才是懂得生活的人。愈容易存錢的人，愈會提醒自己多花點心思，愛物惜物，簡簡單單過日子，同時，該玩樂的時候盡情享受，把錢花在值得的事物上。

但是如果為了節省，一毛錢也不能花，日子過得像遊民一樣，長期下來，身心靈都被省錢壓力壓得喘不過氣，這種存錢方法其實是錯誤的，一點也不幸福。

　　事實上，存錢，不見得一定要犧牲生活品質，只要有「編列預算」的方法，在領到薪水後，先扣除了每月的必要開銷以及預留存款，再從餘額提撥出一部分的零用金，這部分能花的預算有多少，就可以花多少。

　　針對物價狂漲、薪水難調的大環境下，省錢風再度捲起，每個人對於省錢之道的觀念各不相同，如何聰明節省是生活中一種智慧的態度，本書所強調的並不是三餐吃泡麵啃樹皮縮衣節食、刻苦度日，而是提供您最經濟實惠的聰明妙方。

　　除了把錢省下來之外，更重要的是，筆者也提供了如何讓省下來的錢再去賺錢，俗話說：「人兩腳，錢四腳。」任何人只要存到第一桶金，那麼就可運用各式投資工具讓錢賺錢，進而達到財富自由之路。

目
Contents
錄

Part 3

退休「金」簡單 053

Part 4

幸福有感的儲蓄計畫 079

目
Contents
錄

Part 5

發現生活省錢力 115

Part 6

有錢人是這樣致富 163

Part *1*

態度決定
致富的速度

你是不是嚮往著有一天
不再受「工作」束縛，
真正享受屬於自己的時
間，去做自己想做的事
情？那麼你就要從現在
開始規畫退休。

建立**自己**的**價值觀**

人生當中的許多選擇，金錢不是唯一的考量，重要的是如
何過出有意義的生命內容。

　　Vivian畢業後就在出版社當美編，因為出版行業的
關係，Vivian經常要加班工作，有時會回到家都已經快
11點了，本來單身的時候，Vivian還不以為意，不過後
來Vivian跟她認識多年的男友結婚後，婚姻生活開始有
些摩擦。

金錢不是唯一考量

　　因為工作時間過長，Vivian平常陪伴家人的時間幾
乎沒有，一到周末夫妻倆又想好好休息，因此也很少有
休閒活動，長久下來，其實兩個小夫妻的感情是越來越

冷淡了，好在後來Vivian懷孕有小孩了，夫妻之間的關係也因為小孩當潤滑劑有所改善。不過小孩出生後，Vivian若把小孩托育給保母，一方面托育費用很高，二方面也想陪伴小孩的時間也只剩下周末，因此Vivian把從事九年的工作毅然辭去，選擇在家接案子帶小孩。

雖然每月個人收入只有以前上班的一半，但是可自由運用的時間，卻多出了近三倍，Vivian從中體會到，人生當中的許多選擇，金錢不是唯一的考量，重要的是如何過出有意義的生命內容。

命運好好玩

《命運好好玩（Click）》是2006年由哥倫比亞影業所製作的電影，男主角為亞當山德勒（Adam Sandler），女主角則由凱特貝琴薩（Kate Beckinsale）擔綱演出，內容是描述一個建築師麥可紐曼（亞當山德勒飾），因為工作忙碌，無法兼顧到家庭，結果遇到一個怪怪的銷售員，號稱能賣一個超級遙控器，只要按一鈕，什麼都能操控。

不只生活大小事能夠遙控，甚至還能夠讓麥可在他的人生中進行時光旅行，後來麥可活用遙控器讓他的事

業有成，但是卻因此失去了家人，妻子因此改嫁，連一對兒女都叫別人爸爸，自己還得了心臟疾病而猝死，最後麥可領悟到在工作與家庭的選擇上，則是永遠要以家庭為優先。

所幸電影的結局是麥可回到使用遙控器前的生活狀態，因此他馬上決定要帶家人去度周末，而不是選擇繼續加班工作，因為他知道即使賺了很多錢，陪伴家人的時光是用錢買不到的。

事倍功半的工作

許多人往往把工作放在第一位，可以為了工作拼命加班，手機也24小時隨時開機，公司若有需要，隨時隨地都要回公司支援。

像這樣的工作內容，或許短期間之內可以過，但是經年累月下來，我相信個人的人際關係、家庭生活甚至健康狀況都會受到影響。

工作與家庭的平衡，真的是許多現代人不可能的任務，畢竟不上班就沒收入，在都會區不多賺點錢，有時連生活費都會不夠用，我的許多朋友就經常抱怨：「賺

的錢都不夠花，還每天經常加班。」「主管隨Call隨到，有時候即使生病了，還是要回公司解決疑難雜症」。

對此我給的建議都是盡量多做準備，例如把賺來的錢再拿去投資穩健的固定收益型商品，等到固定收益可以達到目前薪水的一半時，那麼就可以考慮轉為薪水較低，但是比較不勞累的工作。

最後，就是自己一定要找到「事倍功半」的工作，這樣的工作大多都是業務員或是創業當老闆，雖然一開始的工作內容非常辛苦，但是經由時間和客戶的累積，自己的體力和心力的付出將會逐步降低，而收入則是呈倍數增長。

小 叮 嚀

如果眼光不放遠一些，看看自己的未來能有什麼轉彎的機會，一條路很容易就會走死。

讓好工作找上你

> 讓自己準備好,自然會有工作來找你。

　　通常研發和行銷企劃的工作,會需要去生產一個產品,例如研發人員,會需要去開發一項新商品,讓公司的商品網不斷擴展,所以若你應徵的是研發人員,建議你可以在去應徵前,就帶自己產生過的相關作品面試。

產品是最好的履歷

　　若你應徵程式設計師,你可以帶你認為最好的程式面試,若你應徵的是廣告設計,你可以帶你製作過的一個廣告產品,若你應徵的是出版編輯,你也可以帶你編輯過的一本書出門。

　　行銷企劃人員也可以準備自己的作品面試，可以在應徵前，就先研究好那家公司的產品和相關廠商，面試時就直接遞交企劃書，有一位名人剛從哈佛畢業時，在一個月內面試了25家公司。

　　他應徵的就是行銷企劃的工作，他每一家公司都遞交不同的行銷企劃案，總共準備了25份的企劃書，面試的結果，有24家公司願意錄取他，他在從中從容地挑選他最想去的那家企業，他把面試過程，從別人面試他轉成他在挑選公司了。

　　所以我認為社會新鮮人最重要的一點，還是要肯做事，要證明給面試主管你能夠做事最快的方法，就是你直接做一項產品出來，「產品就是最好的履歷」，你能秀出你能夠做出什麼樣的產品，對公司主管來說，可說是直接省略掉試用期的階段，能夠對你有最快的了解，並且馬上可以決定要不要錄用你。

找工作還是工作找你

　　很多人很久找不到工作都會產生一個悲觀想法，就是：「公司為何不錄取我，是不是我很沒用？」讓自己越來越悲觀後，造成自己在面試下一份工作時，也會顯

露出沒有自信的一面，而讓錄取機會降低，成為了一個惡性循環。

　　所以我認為無論你現在是不是在找工作，你都要隨時「在工作」，即使你現在沒有工作，你依然可以照前述的方法，先在家準備好企劃或是開發新產品，你能夠透過這樣的工作流程，讓自己提早感受職場的競爭。

　　讓自己準備好，自然會有工作來找你，例如那位哈佛畢業生，他積極地準備每一份面試，當他為每一家公司準備企畫案時，其實他已經是「在工作」的狀態了，而當面試官遇見這樣的人時，當然會認為眼前的這位應徵者，是非常難得一見的人才。

　　年輕人在應徵工作時，會面臨到一項劣勢，就是社會經驗不足，因此在很多待人接物上，不知如何去面對，但是這也並不代表社會新鮮人在應徵工作時，會完全居於下風。

　　我認為主動、積極、熱忱等特質，都是新鮮人在應徵工作時所擁有的優勢，因此新鮮人在找工作時，應該把自己「年輕有活力」基本特質顯露出來，並且不斷地充實自己，積極地面對每天，就是找到好工作的秘訣。

畢業後要累積
的社會學分

> 無論過去在學校的成績如何,進入職場後,大家的起跑線都是一樣的。

「將來要做什麼?」從小到大的師長相信一定都會問你這句話,而大多數的人,其實根本對自己的將來茫茫然,只知道要認真讀書,一直到考上大學,總算達到求學的一個段落。

不過,一旦面對社會上工作的挑戰時,許多人卻往往卻步,心想著:現在大學畢業生多的很,不如再讀個碩士好了,結果造就的結果:現在的碩士生也多的很。

假如讀完碩士後，認為還不能夠與人競爭的話，將來也許博士生也會像現在一樣，滿街都是博士的身影，我認為，除非是非常好學，或是覺得還想學的更精通，才需要繼續進修，不然的話，年輕人是應該越早進入社會工作，盡可能累積工作經驗。

現代人因為醫學和養生學的蓬勃發展，平均都能活到80歲左右，而假若扣掉30歲以前的求學時間和70歲以後的老年生活，一般人平均都要工作40年左右，這麼長的工作時期，若是沒有堅強的意志力和熱誠，是很難能夠長時期都能使自己維持競爭力，並且可以讓資產穩定增長的。

這也造成目前很多年輕人，寧願延畢或繼續攻讀碩士，也不願意提早面對社會的競爭壓力，這樣的心態只是在逃避，像駝鳥一樣不願意面對現實，不過人和駝鳥不同的是，駝鳥可以一直把頭悶在土裡，而人不管你逃避多久多遠，早晚都要進入社會與人競爭，是絕對避免不了的。

既然早晚都要工作，那就不如早點進入社會工作，一方面年輕人因為年齡較輕，有本錢在可以一開始就承受失敗，另一方面，提早工作會有所得收入，而且工作

經驗可快速使人成長，而繼續唸書的話，只是讓支出繼續增加，可是你本身真正的學問卻沒有成正比增長。

一般歐美的學生大學畢業後，就會出校門開始工作，而工作了兩三年後，若覺得在職場上有些不足的知識，便會回學校讀夜間部的碩士班，而且因為有了工作經驗，回到學校讀書時，書本上的知識反而活了起來，在求學裡也不會認為讀書是件枯燥的事。

回頭看看台灣的學生，從小到大就是讀書、考試、再讀書、再考試的流程，獲取了高學歷出校門後，反而無法適應社會種種的壓力，因為在學校裡，老師只看你的成績，而且老師不必付薪水請你讀書，因此總是讚美多於責備。

但是在職場上就不是如此，一但無法達到上司的要求，上司會毫不留情的開罵，而你若覺得在職場有所不足的地方，也只能上上坊間一般開設的在職進修，無法像以前在學校受到正規的教育訓練，如此一來，整個社會陷入了一股惡性循環。

在學校裡，你不會學到如何接受上司的責備，不會面對每個月的業績壓力，不會遇到同事間的彼此競爭，

更不會看到客戶的冷言以對,而這些經驗,卻是在工作中才能學會的「社會學」。因此你現在若還是悶在學校修碩士或攻讀博士,那真的還不如出校門,來攻讀「社會學碩士」或「社會學博士」。

要適應社會,是要靠實際去行動的,而不只是限於苦讀書本上的知識,例如在投資理財上,即使你是會計師,或是在學校裡就考到了好幾張金融證照,在投資的起跑點上,你並沒有比別人多跑幾步,那些書本知識了不起,只是讓你看清楚「操場上的跑道」而已。

進入社會後,不只將會面對許多與學校不同的人事物,對於自己人生中的職場規劃、財務規劃、進修計畫,都需要時時再重新去修正和改進,對剛畢業的學生來說,進入社會可說獲得了另一個重生。

無論過去在學校的成績如何,進入職場後,大家的起跑線都是一樣的,只要你能進公司,老闆看的是你現在的工作表現,而不是過去在學校成績的優異。

因此若你是過去在學校裡成績不理想的學生,進入職場將是你另一個重新開始的好機會。我過去在學校的成績很不理想,在學校的名次總是在後半段,若用學業

成績來分的話，我過去是被歸類為「壞學生」，不過即使如此我也不以為意，因為我知道我一定有些能力是學校用成績所顯現不出來的。

例如我在學校的人際關係很好，甚至跟別班同學也處的還不錯，並且每次若同學受了委屈，我一定是第一個跳出來跟老師反應的人，當時我不知我這樣的個性會造就我進入職場的一個重要的踏腳石。

因為進入職場後，我發覺無論做什麼事，都需要與人溝通協調，在公司內部要與各部門協調，公司外部要與許多客戶做溝通，因此我喜歡與人溝通的優勢，便在這時成為我的競爭力。

因此若你現在的課業成績不理想，也千萬不要氣餒，試著去做你自己，去做對的事情，出了社會後，你一定會比別人有競爭力的。

小 叮 嚀

如果發現自己處於管理金錢、省錢節約的弱勢處境，不要憂心，正是改變人生的契機。

態度決定收入

面試你的主管，看的不只是你過去的學歷和校內活動，而是看你這個「人」對公司是資產還是負債。

工作對一個人的重要性非常高，我對於工作的觀念是，必須要從工作中，學習到「經營者」的技能，也就是說，工作對我來說，是一個教導我成為一個領導者的課程，因此面對工作上的挑戰和困難時，我總能用「老闆」的心態去面對。

我認為剛從學校畢業的社會新鮮人，在找工作時應該要注意以下幾方面：除了保持「不為錢工作的心態」，但是，還要有「如何幫公司」的態度，公司面試你的主管，看的不只是你過去的學歷和校內活動，而是看你這個「人」對公司是資產還是負債。

你若無法為公司賺錢，反而是要求薪水多、休假多、獎金多的三多族的話，你對公司就是最大的負債。

公司主管絕不會要這種只為自己想而不為公司努力的員工。站在公司的立場而言，會想要徵人主要因為幾點原因：

1. 人手不足
2. 擴展公司
3. 取代現有員工

雖然在應徵工作時，你很難觀察出來，到底公司是因為哪個原因，才想要應徵你，不過你可以選擇直接問面試官，若是面試官決定要錄用你，一般來說，都會告訴你實話。

我建議新鮮人的第一份工作，可以找那種「根據銷售」來決定你薪水的工作，因你將學習一項產品如何從設計、研發、包裝、行銷至消費者的流程，這不只對於提昇你的視野有幫助，還能夠讓你有夠多的薪水過活。

很多新鮮人會選擇直銷這個行業，我認為是個不錯的開始，因為直銷可以訓練一個人最基礎的銷售技巧，

可以讓你學會如何去與人溝通，到中間的產品說明、簽訂合約，到最後的成交與後續服務，因此若一開始在直銷業，我認為對一個新鮮人幫助最大。

每個行業裡的企業有好有壞，當然直銷業也會有一些不良的公司，因此新鮮人在找工作時，若是應徵到了直銷公司，建議你可以帶你的親友陪你去看看。

基本上，好的直銷公司的條件不外幾點：

1. 有品牌
2. 跨國企業
3. 教育訓練完善

所以若你根據了這幾點來判斷後，覺得這家直銷公司怪怪的，那麼即使裡面的員工，跟你講的天花亂墜，你也必須要有自己的判斷能力，不要一開始就進入了不好的直銷公司，造成你往後工作上的陰影。

其實各行各業都需要業務的人才，因為業務人才可以直接帶給公司獲利，因此若你非常喜歡與人溝通，並且又很想賺多一點錢的話，建議你一開始應徵工作時，就直接應徵那個行業的業務人員。

投資理財需要的是靠長期投資，因此投資人的投資期間越長，對於投資報酬率越有利，也就是說，若能越早進入投資領域，越有可能靠投資理財致富，而準備投資的黃金時刻，就是在30歲以前的求學時期。

因為在30歲以後，基本上工作和薪水已經趨於穩定，因此對於投資理財也漸漸開始保守起來，所做的決定不敢像過去的當機立斷，因此，若能在30歲以前，就先操練好投資的基本功，將來只需要維持操作的實力，就能夠平穩的靠投資致富。

利用在大學畢業至30歲的時間開始工作儲蓄，不只可以累積工作經驗，且可以提早培養投資理財的經驗，人最重要的是要懂得投資，若能找到自己喜歡的工作，並可以早點開始理財，對目前的新世代年輕人可以說是大挑戰，但是若能克服這挑戰，相信離成功肯定不遠。

小 叮 嚀

投資理財需要的是靠長期投資，因此投資人的投資期間越長，對於投資報酬率越有利。

unit 5

省下小錢成大錢

> 只要稍微注意調整一下生活方式，您就能精打細算樂活省錢輕鬆過好日子。

很多人對於理財都只想著如何開源投資，卻忽略掉了節流的重要性，試想一個問題，若想在下個月的這個時候，讓銀行的戶頭多5,000元，或許你會去兼差或是找老闆加薪，但是在忙碌的上班生活中兼差何其辛苦，老闆也不會莫名其妙幫你加薪，所以若能在生活中省下5,000元，那麼不是很輕易地就讓戶頭多了5,000元。

勤儉持家

在日常生活中裡，不論是飲食、服飾、住宅裝修、旅遊、教育、遊樂等各個領域裡都有省錢的門道，現代

人喜歡在物質上尋求滿足追求快樂，導致在生活上傳播了錯誤的價值觀。

　　你可曾想過：為什麼以前的人生活簡樸，受教育機會少，反而可以讓「臺灣好賺食」、「種一冬，吃三冬」、「臺灣錢淹腳目」？如今卻成為絕響，如果您仔細觀察台灣這幾十年來經濟及環境生態，懂得開源，卻不知道節流，就是台灣人在擁有富裕生活後真實本性的寫照。

　　有人說天下無不勤不儉而能成功立業的，一個國家的建立，經濟要興盛，乃至「修身、持家、治國、平天下」，皆由克勤克儉做起，因此，勤儉可說是一個人的生活準繩之一，春秋時魯國大夫禦孫也曾說：「儉，德之共也，侈，惡之大也。」

　　古代先人無不一的在告誡我們，清心寡欲、粗茶淡飯才是最好的健康之道，就世界來說開源節流能保護地球環境生態，就國家來說是富強康樂之根本。

　　就個人來說是成功立業之根基，然而想要在全世界正處於嚴重的經濟蕭條、失業率增加、收入降低、物價飛漲的年代，「節流」就成了所有人現今必修的課題。

MEMO

Part2

讓收入大於支出

有人説天下無不勤不儉
而能成功立業的，此，
勤儉可説是一個人的生
活準繩之一。

unit 1

改掉**消費壞習慣**

別讓偶發性消費衝動成為習慣，改掉壞習慣輕鬆學會如何聰明消費！

生活上不少消費壞習慣，將會在不知不覺中使辛苦賺入的收入頓時減少，尤其偶發式消費衝動成為慣性後，更是，在「不清楚」自己到底有多少衣物、雜貨的情況下，才赫然發現高重複性，趕緊學會聰明消費吧！

琳達只要上街每逢週年慶時刻，就會無法抑制心中所竄出的小惡魔，平常就隨心所欲在網路與逛街路上購物的她，在週年慶時刻更是希望能夠獎勵自己一年多來對工作的努力，加上年終獎金的大力加持，更讓她陷入瘋狂購物的衝動當中，卻絲毫不思考這樣衝動消費所帶來的後果。

　　尤其當她踩著高跟鞋，踏入百貨公司週年慶會場，現場的熱絡消費氣氛和店員熟練的銷售話語，總是讓她甘願一再掏出皮夾付費，現金付完了？沒問題！琳達俐落刷卡，一點遲疑也沒有。每回上百貨公司總是大包小包，心滿意足回家去。

　　不過這樣暢快的消費過程可不是沒有代價，當每個月琳達收到信用卡帳單時，她總是沒有足夠勇氣一一比對細項，終於她成為了人們口中所說的月光族，可是自己明明不想陷入這樣的困境當中呀！

　　在走投無路、無可奈何的情況之下，琳達請教了在百貨公司擔任櫃姐的姐姐，怎麼樣才能徹底擺脫花錢的欲望？加上姐姐在百貨公司上班，每天接觸到那麼多精品，購物慾望經該比自己高吧？

　　但看她平常無論什麼邀約，她都會盡量配合出席，無論吃飯也好血拼也好，姊妹倆的日常娛樂沒有太大的差別，但是為什麼姐姐就能淡定消費，為自己存下可觀的積蓄呢？

　　「其實這很簡單呀！只要滿足妳心中部份的花錢欲望，讓心裡那個小惡魔有管道可以宣洩就可以囉！」姐

姐看似稀鬆平常的回話，卻經歷了不少苦頭。原來剛進百貨公司上班的她，起初和妹妹一樣，總是苦陷於衝動購物上動不動便成為月光族。

直到有一天，她看著自己的存摺，驚覺出社會這些年來不僅沒有為存下一筆積蓄，反而還為她增添了許多中看但不一定重要的物質商品。

從那一天起，她決定徹底改變自己的消費習慣，她將滿山滿谷的衣物分門別類進行整理，不需要的便趁著參加跳蚤市場時便宜拋售，或是捐贈給需要的公益團體。在這樣反覆的處理過程中，她更為所保留的每件衣物簡單拍照存檔，讓自己清楚知道自己擁有什麼樣類型的款式，以免下次重複購買，造成不必要的浪費。

然而，改變消費習慣並沒有折損她與家人朋友之間的感情，當朋友熱情邀約時她依舊開心赴約，只是她會先向好姊妹們商量好，當她們結束晚餐時刻時，自己在準時出現陪伴大家逛街散心。

一來避開高價餐廳的昂貴菜單，二來也讓大家清楚知道自己正處在理財階段，取得朋友們的體諒，避免無謂的消費，可以說是在雙方都沒有實質損失的情況之

下，為自己找到了專屬理財之路。現在的她每當心中湧起購物衝動的念頭時，總將目光轉向店家的特價花車，改採購便宜品質又不差的單品，削減內心花錢的欲望。

而且加上和原本的衣物做搭配，不會因為單品價錢便宜就失去時尚樂趣，朋友反而頻頻稱讚她的好眼光。日子一久，姐姐逐漸適應了百貨公司上班的生活步調，此外也由於理性消費的改善讓她逐漸存下了一筆金額。

「其實女孩子想要存錢的動機很簡單，妳想想看，自己是不是常常幻想有錢以後，自己是不是會變得更好？」琳達聽到姐姐的觀點後頻頻點頭，她就是希望自己有一天能因為收入增加，存款變得更有餘裕後過著更好的日子。

「所以囉！想成為更好的自己，在過程中難免需要克制消費欲望，就和減肥一樣，少吃多運動囉！」姐姐俏皮的眨了眨眼後接著開口「不過女孩還是要適當的添購自己想要的東西，不然我們哪裡來的業績呢～」琳達忍不住被姐姐的樂觀態度逗笑。

現在的她知道，過去的自己總是容易陷入非買不可的困境當中，回想過去，琳達常常嚷嚷著有許多產品寫

上自己的名字！只是哪來的那麼多東西專屬自己呢？加上慣用使用信用卡分期消費，分期每月平均負擔，乍看之下減輕不少負擔，但是所產生的利息和手續費可是相當可觀，以及琳達對本身經濟狀況漫不經心的態度，才會使自己成為了月光一族。

經過姐姐的提醒後，現在的她會為自己規劃真正需要的購物清單，並搭配過往早已購買的單品，搭上目前舊衣新穿的時尚風潮，意外的讓她成為了朋友之中的穿搭高手。

經過了一段時間的沉澱與改善，琳達瞭解一個真正成熟的女人，該學會為自己的生活態度負責，別讓一時的衝動陷入了商家的陷阱當中，與其衝動消費，不如好好面對自己還有哪些缺點需要改善，這才是女人們所追求的真美麗之道。

小 叮 嚀

生活上不少消費壞習慣，將會在不知不覺中使辛苦賺入的收入頓時減少。

用發票了解消費習性

> 總是不知道將錢花到哪裡去？讓發票解析你的消費習慣，
> 發現從未注意到的消費習慣！

　　在眾多物質的吸引下，最新產品不斷推陳出新，在市面上廣為流通，再再給予人們衝動消費的動機，卻忘了在這樣的過程當中，很容易迷失了自己真正的需求，掉入了「為了花錢而花錢」的危險陷阱當中。

　　為了抵抗這種消費迷惘，必須學會延遲欲望，學著比較，能不能較實惠價格的商品取代昂貴商品，與仔細衡量東西的實用度，來評估一件商品值不值得購買。

　　面對消費欲望時，先別急著吃棉花糖，而是要好好存下一筆錢，完成真正的夢想，讓胃口等待吃大餐！

即使同居的情侶們，有時也不見得相當清楚彼此的消費習慣，子為和小靜兩人從大學畢業後交往至今也有一段日子了，但出自對對方的信任與尊重，兩人都不干涉各自的消費習性。

　　不過子為百思總是不得其解，他總是照著理財專家們所說的存下薪水中十分之一的比例，但他發現錢包依舊乾癟的可憐，為什麼會這樣呢？他對這樣的處境感到十分不滿。

　　「為什麼我明明想要存錢，卻依舊仍然沒存到多少錢？」聽到了憨厚男友罕見的這麼抱怨，一旁精打細算的女友小靜停下了手邊打掃套房的動作，不可置信的看著苦惱的男友。

　　「難道你都不知道自己的問題出在哪裡嗎？」女友小靜開始搬出家中集中發票的紙箱內，裡頭滿滿的一座發票小山多半是男友的花費。而自己的發票則另外集中整理在鞋盒內，相較之下可說是少之又少，又整理的相當整齊，井然有序，為什麼兩個人習慣如此天壤之別？

　　「妳拿出發票要做什麼？」看著子為困惑的神情，小靜決定向他公開了自己的日常理財秘訣。「拿出發票

是為了好好教導你，怎麼樣才能降低每天上街亂買東西的習慣呀，我們來看看發票，裡頭藏著什麼秘密吧！」小靜開始倒出紙箱內日積月累的發票堆。

「哪有什麼秘密啊！」子為不以為然的對小靜擺了擺手，他才不相信看發票能看出什麼端倪呢！可是子為想了想，自己平時扣除掉預定存下的薪水，生活的確過的比從前更節制了，「我又沒有亂花！錢都到哪裡去了呢？」。「哦？是這樣嗎？」小靜挑起眉毛仿佛對子為說的話抱持著懷疑。

「對了，我都沒有看妳在記帳啊？妳怎麼知道錢到哪裡去呢？」子為盤腿坐在女友身旁，看著她仔細的將發票依照店家與消費種類不同而分類。

「嘻嘻，誰說我沒有記帳？我用的是更省時省力的分類記法！」小靜拿出裝著自己發票的鞋盒，裡面用心的以厚紙板分隔每個區域，上頭還貼有紙條，分為生活用品、餐廳、便利商店與美妝店超級市場這四大項目。

「我都是用分類方式整理發票，一回家只要分門別類放好，一段時間後我就知道自己的花費習慣是什麼樣子哦！」小靜得意的向子為解釋自己的收納發票方式。

「分的那麼少，真的有用嗎？」子為開口問。「當然有呀！因為越繁瑣的話，人的怠惰會讓你放棄這個好不容易養成的習慣，所以理財日常方式越簡單、越平易近人才能越看得到效果噢！總之你試試看吧！」小靜鼓勵子為勇於嘗試新的收納習慣，而自己則是持續為子為做發票分類。

在半信半疑的情況下，照著女友的指示，不再將發票毫無秩序的亂丟，一回到家便掏出錢包，將一天累積所花費產生的發票放入小靜貼心歸納出四大重點項目的鞋盒當中，沒想到短短一星期的時間便看出了成效。

「我們就來看看，連同過去的發票能看出什麼細結吧！」

小靜端出子為的發票鞋盒出來，子為不免被自己的消費習慣愣住。自己天天上便利商店，有時候甚至一天高達了四次！連都沒有發現自己得了便利商店上癮症。

加上上班和住家附近都林立著各家便利商店，都口渴、想買份報紙或只是單純想吹吹冷氣，在不知不覺當中竟然累積了那麼多無謂的消費。看到自己過度的花費，子為不好意思的低下頭去。

「我們來想想看怎麼改善吧！」小靜為了緩和氣氛
與安撫男友，仔細的檢視男有的發票明細，雖然現在便
利商店多改為電子發票，但細心的小靜依舊能找出男友
的消費習慣。

「為什麼一直買咖啡喝呀？」小靜皺著眉頭看著連
鎖咖啡店的發票。「下午精神不好，常常想打盹，不喝
咖啡提神不行呀」子為癟著嘴為自己叫屈。「我呢，都
是泡茶來解決這個問題噢！」小靜匆匆忙忙在收納櫃裡
拿出從老家帶回來的茶葉遞給子為。「喏！從明天起！
改喝茶吧！既健康又省錢哦！」

子為才發現女友平時不太買冷飲，而是自己帶保溫
杯，辦公室和家裡也有專屬馬克杯，無論泡茶、泡咖啡
都相當方便，重點是價錢都相當合理而且健康。

「還有，為什麼常常買塑膠袋呢！既不環保又浪費
錢」愛護自然的小靜再一次抗議。「就沒手拿呀～」子
為忍不住再一次為自己辯解，平常只會帶著公事包出
門，根本沒有多餘的空間可以收納東西。

小靜聽了後，貼心的將體積小的環保袋放在公事包
中，由於輕盈不會造成上班行動的負荷又能省下額外一

筆小額開銷，雖然1元、2元看似不多，但減去不必要的
花費這個習慣非得養成不可。

「其實呀，這一招是要讓你清楚知道，自己平時都
無意識的將錢花到哪裡去，花錢不是不可以，只是要把
錢花在刀口上」小靜撒嬌的勸導，「尤其你在便利商店
的消費次數上，如果不透過像這樣的視覺化，你怎麼會
發現呢？好好收納發票才能節制自己的購物衝動噢！」

「是～妳說的對，我有這樣的女朋友為我的支出把
關，我實在太幸福啦！」小靜與子為這對情侶，並沒有
因為彼此的消費觀差距而吵架，反而是共同找出解決之
道，不僅理財更是一場關係經營！

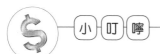

小　叮　嚀

仔細衡量東西的實用度，來評估一件商品值不
值得購買。

收入減去儲蓄
等於支出

在領到薪水的同時存下部份收入，讓節制消費為自己增加更多理財空間！

聽取前人的建言，身體力行的進行是收入大於支出最快的捷徑。現在的小資男孩、女孩們週一到週五為公司賣命工作加班，整天過的匆匆忙碌，但一回首，卻赫然發現自己和過去相比，自己的生活品質並沒有相對提升，反而因為時間被壓縮生活過的比以往更加無趣。

可以說是落入窮忙族的無線迴圈當中，努力付出卻沒有得到相對實質回饋，這是什麼原因導致如此呢？

正當現代人們努力思索是否沒有正確掌握到理財之道，事實上唯有當處世態度的智慧與理財方法相互融合，而不僅僅是以守財奴的角色看待錢財，才能更加靈活的學會管理，有豐餘的錢財才有愜意的空閒時間，不忘享受人生樂趣才是真正的理財王道。

在家鄉擔任工廠作業員的阿德，每天奮力加班，就是為了領取更多加班費用，好在適婚年紀前存下一筆買車、買房基金。

由於阿德肯拼、肯努力，加上願意耗費更多時間與體力為公司付出，很快的，他的本薪加上津貼有了大幅度的可觀提升，只是久而久之他逐漸發現，自己體力逐漸不堪負荷，然而日常消費習慣卻早以定型。

眼看員工苦惱的模樣，許久未曾與員工談天的老闆正從外地出差回到公司，目睹阿德面黃肌瘦的模樣，他知道，自己是時候該和年輕人談談。

「老闆！好久不見！」阿德禮貌的打聲招呼。老闆意味深長的看著他。「阿德，我聽你的主管說你總是自願留下來加班，就是為了存下每一筆錢，但我想告訴你，年輕人無論如何都要想辦法在有限的收入內，先存

下一筆錢，避免讓收入落入他人口袋中，這就是成功理財的方法。」。

「老闆，就這麼簡單嗎？」阿德不可置信的抬起頭望著老闆。「你不試試看，怎麼會知道呢？」老闆微笑不語，信步走入辦公室內，他知道，眼前這個年輕人若願意將話聽進耳裡，從改變自己的儲蓄習慣開始做起，在積少成多的情況之下，絕對能改變目前苦不堪言的理財狀況。

阿德遵循著老闆給予他的意見，領到薪水的第一步便是先將部份薪水存入帳戶當中。由於遵守收入減去儲蓄等於支出的情況下，阿德發現，其實在支出花費上他還有許多可以努力的空間，他決定先從這一步開始著手。

比如說，當他檢視家中物品後，他赫然發現，自己每隔一段時間總會花上大筆錢購買3C產品，長期累積下來卻是一筆可觀的消費。

這下他知道，與其在每一頓飯菜錢中錙銖必較，不如從生活習慣開始下手來的有效率多了。加上假日出遊所花費的油錢，在謹慎檢視花費後，阿德決定省下這些

額外支出，為自己的儲蓄增加更多成長空間。當支出變少了，阿德決定提高每月存款額度，過去的他總是將每月所花費剩餘的金錢，這一次，他決定發薪水日當天立即將一萬元轉入帳戶當中，遵守老闆給予的建議。

一年過去了，他逐漸看見了自己的改變，讓自己漸漸習慣新的生活步調，而不是一股腦兒的投入工作，儲蓄卻總是不見成效。現在的他開始有了人生第一筆積蓄，買房的願望不再遙不可及，不再是壓力，而能從中發現過去從未領略的樂趣。

現在的他知道，減少花費增加儲蓄是為了讓自己提早過自己想要的生活，在存錢過程中他發現了這個真理，如果只是不斷添購自己並不需要的消費產品，只是加速儲蓄的耗損速率一點幫助都沒有。

只是好景不常，為了加快存款速度，阿德從朋友那邊聽來一個不錯的投資手法，只要他願意投入本金，利潤再由團隊一起平分，保證有賺頭！這對在工廠領薪水的阿德來說十分吸引人，恨不得將過去所存下的本金投入其中。阿德因為日思夜想這份難得的投資可能，原先上班勤奮努力的他，工作開始怠惰，就連關心他的老闆也看出不對勁。

老闆看了看每天上班無精打采的阿德嘆氣搖了搖頭「現在的年輕人怎麼那麼沉不住氣想要投資？」「老闆，你怎麼這麼說呢？好歹，他也是我幾十年的老朋友呀！」阿德忍不住為朋友說話。

「那我問你，過去你知道這個朋友從事什麼樣的貿易工作嗎？」老闆繼續追問「他的專業專精什麼？憑什麼值得令人信任？」他進一步的詢問，為的就是讓阿德靜下心來，好好檢視這段投資將出現什麼樣的破綻。

阿德被老闆接二連三的問話無可招架，他才發現雖然是老朋友，但他卻絲毫不知道朋友的專業在哪裡，只知道一味信任這段友誼。經過老闆這一番提點後，阿德知道自己犯了最基本的錯誤。

阿德回家後想了想，坦然的跟朋友說聲抱歉後，存下了這份資金，阿德此後有了更多選擇，他願意等待更好的時機來臨，他知道，如果在不熟悉該領域的情況下，反而更加容易導致虧損的狀況產生，他相信，只要自己願意學習，將來買房夢想一定有實現的一天！

讓「財」理你
從行動做起！

> 認清自己的經濟處境後勇於行動與改變，讓生活型態的改變，喚醒你的潛藏理財因子！

　　在萬物皆漲的年代，人人叫苦連天，怎麼樣省錢理財，讓收入大於支出，瞬間成為了每個現代人的社會必修課之一。

　　然而，值得討論的是，為什麼和過去相比，經濟條件應該隨著年代進展而有所改善，為什麼卻有越來有多年輕朋友淪為窮忙一族？生活花費上越省，卻越來越折損生活品質？

　　有些人認為，花小錢享受生活，是生活中裡的小確幸，可是卻沒發現支出正一點一滴花費掉收入心血，如何讓收入大於支出，就讓每位小資男孩、女孩用故事告訴你！

　　小蕙在公司中擔任秘書一職，每個星期她都在自己的工作崗位上，努力為上級主管與公司做出許多貢獻，時常連午、晚餐都無法按時吃飯，使身體逐漸開始出了一些毛病。

　　大學畢業沒多久的她，立即發現自己並不熱衷於這項工作所帶來的成就感，再加上薪水不高的緣故，即使她再怎麼努力提起精神上班，每個月的房租壓力仍將她壓的喘不過氣。

　　加上日常生活連連上漲的飲食費與治裝等必備費用，都讓她的剛畢業時的夢想頓時破碎，曾經想像自己打扮的光鮮亮麗，做好每一份工作的她，難道只有這樣的能耐嗎？在下班後的回程捷運上，小蕙拉著吊環，不禁垂頭喪氣的嘆了口氣。

　　為了上下班通勤更加便捷快速，小蕙的公寓選擇在靠近捷運站附近的鬧區，緊鄰著富有社區，自己的小雅

房相較之下看起來多麼黯然失色。有時候，當她急急忙忙小跑步著趕著上班打卡，卻看見有錢人家緩緩開著各式名車，從容的準備出發，更加深她內心中的所有不平衡感。

即使如此，樂觀的小蕙還有一項別人奪也奪不走的法寶—好人緣！這份好人緣使她結識了許多知己姊妹淘，大家都相當願意聽她傾訴，給予她相當有用的意見，像大學同學娜娜就是其中之一。

娜娜因為是記者的身份，常常有機會在各不同領域的朋友們對談，其中也認識了許多大老闆與成功人士，時常和她分享各項理財與經營觀念讓她獲益良多。

這一天她和好久不見的小蕙見面吃飯，娜娜卻猛然發現自己忘了提錢，順口和小蕙開口借錢。「小蕙可以借我餐錢嗎？拜託啦！等我們下次見面我馬上還妳！」「可是…」小蕙竟然一時間支支吾吾答不上話來。

「不是才剛發薪日嗎？」娜娜疑惑的看著小蕙，小蕙頓時將頭低下不出話來，原來小蕙除了房租外還欠下不少卡債，薪水多半挪用在分期償還上，哪來的閒錢呢？

「我的天啊！妳這樣怎麼行呢？」娜娜知道自己忘了提錢有錯在先，但她還是擔心的看著小蕙，當朋友這麼多年以來，她一直知道小蕙對工作很有企圖心，也知道她對於生活消費比較沒有顧忌，只是沒想到情況這麼嚴重。

「娜娜，妳跟我差不多年紀，怎麼有時間和存款還能出國玩？」小蕙話鋒一轉將話題帶到朋友身上。娜娜表示，她認為省錢能夠讓自己省出更多生活樂趣，挖掘更多過去所未曾發現的驚喜，省下的每一分錢才能為未來累積更多可能。

「舉例來說，妳會好好蒐集發票嗎？」小蕙納悶的搖搖頭，這一點和存錢有什麼關係呢？每天回家包包、外套口袋裡塞滿了雜物哪裡有時間好好整理？「事實上，整理發票也能為自己帶來財富哦！我在採訪的過程中，還聽過有人將發票分類，很快就能知道自己將錢花到哪裡去呢，以後有機會我再多和妳分享！」

和小蕙相比，娜娜可就不一樣，細心的她整理發票，一一將各家商店進行比價，她意外的發現，有些店家不定期的降價，熱心的她總不忘將好康訊息分享給親朋好友，也因為她的熱心幫忙，使越來越多朋友信任她

的選擇，她時常將一句話掛在嘴邊，決定一個人的價值不是他擁有，而是她對待他人的態度，才是真正價值，

相較於娜娜在比價過程中發現樂趣，整日忙碌於的小蕙，上網網購血拼成為了她放鬆心靈的方法之一，時常一回神過來才發現家中已被許多網購物堆滿了原本就狹小的居住空間，而網購品質參差不一。這一次，娜娜決定要幫忙小蕙走出月光族的困境！讓她知道，其實自己值得更好的生活！

「小蕙，妳知道存錢的目的是什麼嗎？」小蕙想了想回答「我希望等我有錢之後就不用為生活煩惱！」，娜娜滿意的點頭，「沒錯！這就是存錢所帶來的樂趣」娜娜認為錢賺的再怎麼多，若心中沒有餘裕享受生活所帶來的種種平凡快樂與樂趣，也是沒有意義。

，她樂於將部分儲蓄花費在自我進修與國外旅遊上，因為她知道，適時的放鬆才能在工作崗位上走更長遠的路，否則像小蕙這樣的方法，很容易磨損對工作的熱情，這套人生哲學，是她最珍貴的資產。

「娜娜，妳再多教教我幾招，分享妳聽過的理財故事嘛！」小蕙綻放甜美笑容，一掃剛剛的陰霾，認為自

己只要願意學習，也能夠像娜娜一樣擁有良好的生活品質。「當然沒問題啊！，那我們找個時間一起討論吧！」

娜娜為自己過去傾聽所學會的理財方式能幫助到好朋友，心中由衷為她感到開心，雖然自己不是一個厲害的理財專家，但藉故事分享，相信可是會願意為她帶來許多啟發。

「耶！我就知道妳人最好了！」小蕙的好人緣再一次為她帶來的改變的可能，行動就是收入大於支出的契機。

小 叮 嚀

事實上，對於時間的運用與分配，不僅影響財產如何長短期分配，也展現出一個人對於如何認真生活的敏銳度。

MEMO

Part3

退休「金」簡單

你可以選擇現在過得舒服，把錢花在當下滿足欲望；或決定把錢省下來，為提早退休預做準備。

35歲的心理建設

在三十五歲的時候，在金錢方面做出的決定，可能會對未來退休生活的好壞帶來極大影響。

由年齡而產生的恐慌心理在中年白領中普遍存在，尤其是三十五歲這個年齡層更加嚴重。

一方面，他們看到自己年近不惑，心中難免產生鬱悶，恨不得把自己的年齡往前推幾歲。另一方面，看到以前比自己年輕的下屬而今成為自己的頂頭上司，心中的不平衡更是油然而生。

心理學家認為，白領人到中年在事業上之所以有不安全感，與當今眾多招聘資訊中，明文規定不要三十五歲以上人士的現象有一定關係，加上這個年齡的確有點

高不成、低不就，便會產生心理憂慮。此種心理被稱為「年齡恐慌症」，也叫「三十五歲現象」。

　　如果你是一個業績平平、又過了而立之年的白領，雖然你無法改變社會上的「唯年齡論」，但只要你放鬆心情，多學新知，勇於學會讓錢為你工作，定會迎來人生的第二個春天。

　　你是不是嚮往著有一天不再受「工作」束縛，真正享受屬於自己的時間，去做自己想做的事情？

　　那麼你就要從現在開始規畫退休，儲備金錢，預約豐盈的未來生活。只要做好財務計畫，提早退休回家開心生活，這並非不可能的事情。在華人富豪中位居首席的李嘉誠，有許多理財秘訣。

　　他認為，二十歲以前所有錢都是靠雙手勤勞換來的；二十至三十五歲之間是努力賺錢和存錢的時候；三十五歲以後，投資理財的重要性逐漸提高；到中年時，賺的錢已經不重要，反而是如何管錢比較重要。在三十五歲的時候，在金錢方面做出的決定，可能會對未來退休生活的好壞帶來極大影響。到了三十五歲，如果在儲蓄投資方面過於消極被動，那是令人遺憾的。

三十五歲時可以用人壽保險、分紅保險、投資連結保險等方式來擴大儲蓄。一個人在三十五歲的時候，未來的日子還很長，首要的目標應當是建立自己的財產，特別是應當考慮擁有自己的房子。即使你資金不足也應當這樣做，也可以利用貸款來買屋。

　　到四十歲的時候，一般人都有了比較多的收入。如果你在二十歲時貸款購屋，四十歲時應該也還清了，所以這時就應當加緊進行多種儲蓄。

　　這時候的財務任務是：配合退休計畫投保養老保險，重新檢查擁有的保障和以前購買的各種保險。個人投資趨向穩定類投資，如減少股票投資，增加投資連結類保險和債券的購買等。

　　到了五十歲左右，最好是增加債券方面的投資，減少其他風險大的投資。

　　用於風險投資的資產只能占百分之二十。這時，你需要完成的財務任務是：檢查自己擁有哪些保障和保險，尤其注意有沒有足夠的重傷病保險；開始計畫退休，對自己多年的投資進行一次整理，理財上強調風險低、安全性高的理財方式。

35歲就必須慢慢養成的退休觀念，新一代退休族群價值觀和需求已經開始發生轉變。他們不再視退休為完成一切、坐享其成的階段，而是另一個尋求和接受挑戰的開始，退休的意義變成是「有時間做以前沒空做或沒錢做的事」，許多新鮮美好的可能一一展開。

在美國，有八成的年輕人認為他們會在退休期間工作，但並非出於經濟考慮，而是工作能帶來成就感，生活因全神貫注而充實；此外有些企業也需要技能、人脈豐富的資深人士傳授經驗。對他們而言，退休只不過是調整工作時間和內容，退休就是退而不休，而非閒著無事或只能在家含飴弄孫。

目前社會上也出現一群人，他們年齡都在三十到四十歲之間，事業有成，收入較高，擁有自己的不動產，在本該日夜不休的時候，他們突然停下來，蟄伏、安靜、思前想後。

不過這個時候，他們比任何人都冷靜，也都敏感。當然，他們退休都是有理由的，例如等待更好的發展機會、抓緊時間充電。「退休」只不過是一種好玩的說法，我認為理想的退休生活，應該和美國的退休群一樣退而不休。

他們退休的最大原因在於：更年輕、更具競爭力的人群出現後，給這些在第一線長期奮鬥的人群造成了空前的壓力。

他們需要休整、充電、積蓄力量，以避免失去競爭力。更加開放的經濟環境，對人才提出了更高的、更新的要求，而這些長期工作的人群需要有機會冷靜思考，為自己重新定位，以便發揮更大的能力。

就三十五歲年齡來說，他們不會再像年輕時一樣不計名利、滿懷熱情的去工作。

他們需要自己的工作被承認，並得到充分的回報，希望取得成功，也希望取得財富，因為時間也不允許他們再次蹉跎。所以，他們寧可花時間去等待與尋找，也不願意盲目的工作。

為自己準備退休金

你準備幾年後退休？

退休後，每個月花多少錢才能過得舒適？

考量通貨膨脹率加以計算後，你真正可籌措的金額有多少？

你現在每個月要撥出多少錢來投資，才能籌措到所想要的退休金？

根據目前的狀況，你覺得退休之後還需要儲備多少醫療費用？

以上這些問題都還只是跟自己的退休金有關而已，但是要提醒你，若想要提早退休，就代表你能籌措退休金的時間縮短了，而且退休之後的時間也延長了，因此，你需要籌措的退休金也變得更多。

傳統準備退休的方式多為儲蓄、保險，但在投資管道多樣、資訊大量流通的二十一世紀，你可以更有彈性的管理退休投資組合。儲蓄是美德，但過度儲蓄只會讓你的錢失去原有的價值並且加重稅賦。

你要籌備大量的退休金時，不妨運用一下投資組合的概念，將部分資金存放於保守穩健的投資工具，部分資金拿來從事較積極的投資，以加快收益回報。這樣的做法不但能分散風險，還能享有投資帶來的效益，若再

搭配適當的保險規畫，想要快樂的提早退休，應不困難。但最重要的仍是要及早規畫，這樣才能早早享受多彩多姿的退休生活。

你的投資眼光需要提前十五年，要談未來之前，我們首先要回顧過去。試想，十年前最大的前十名公司，在十年後的今天，幾乎都風采不再了。

今天不像過去那樣以土地、資產為公司成長的核心價值，而多是以「頭腦」賺錢，靠高科技發財，若以投資股市來舉例，我們現在要投資的絕對不是今日的當紅的熱門念股，我們要瞄準的是十五年後的明日之星。

國際金融市場變化快速，個人投資者要在茫茫股海中選擇明日之星極為困難，你不妨可以從現在開始，通過專業有權威的投資管理機構，以共同基金投入，隨著國內外經濟發展，讓自己的錢有效率、有計畫的不斷增長，供退休後慢慢享用。

時間配置
將影響財產配置

時間配置將會影響財產配置,但是,要如何分配時間,好達到最有效率的財產分配,好達到所預期的期望呢?

財富累積的守則在於對人生時間軸的掌握與調度,當你體認到這後,不僅是有形的財富累進,生命經驗資產是否積累同樣重要,唯有妥善運用時間配置的人,才能品嚐到甜美果實,為自己帶來豐富人生色彩。

若想要未來擁有理想生活品質,必須先設想到,如果有一天,我突然因意外無法進行工作時,存款與資產能否能使我的待業與晚年生活擁有不打折扣的生活餘裕

呢？對於這些困惑，唯一的解決之道便是從現在就開始動手規劃。事實上，對於時間的運用與分配，不僅影響財產如何長短期分配，也展現出一個人對於如何認真生活的敏銳度，假使在日常生活當中，我們能夠將重點放在「如何抉擇」。

曾有人說過「貧窮，是上天所贈予最大的禮物」但是，假使沒有從天生悲劇中醒悟，反而一味耽溺於「為什麼別人那麼有錢，我卻如此窮困？」的無限循環當中時，「貧窮」非但不是上天的一份贈禮，反而會成為打壓你成為更好的人，最可怕的阻礙。

放棄無謂的消費娛樂，耗費心力經營於職業專長與挖掘自我天賦上，這兩點都能為自己增添成就感，並且有機會培養第二專長，廣開財源收入，讓收入不僅僅是每月的固定薪資，無形中更為自己增添無限可能。

無論如何，當你意識到時間財富規劃越早啟動時，未來的每一回行動將有助於財產的累積，並且經驗上的相輔相成成長，只要運用得當，時間就就是你累積財富路上最大的幫手！

無意識的花掉360萬

蕙君曾有一個月卡費就刷超過3萬塊的紀錄，雖然覺得「再這樣下去就完蛋了」卻怎麼也無法戒掉網購的壞習慣……

只是動動滑鼠,每月花掉3萬元

通勤途中，下意識地滑起智慧型手機瀏覽購物網站的蕙君就是這麼變成超級敗家的手指購物狂，她最愛的就是流行時尚的雜誌網站。

不但不用擔心該怎麼應付前來推銷的店員，網站裡的衣服搭配方式還是時尚雜誌的推薦，所以也不怕踩到雷。再說就算是當季最流行的款式也不會買貴，因此蕙君覺得在網路購物實在是太完美了。

蕙君曾經還有一個月卡費就刷超過3萬塊的紀錄，雖然覺得「再這樣下去就完蛋了」卻怎麼也無法戒掉網購的壞習慣，存30萬元對她來說根本就像是在緣木求魚。

給手指購物狂的建議
- 利用等待的時間瀏覽其它網站。
- 以到店取貨付款或貨到付款的交易方式取代信用卡結帳。
- 利用手機行事曆作購物備忘錄。
- 活用手機的行動銀行。

不需要刻意戒掉這個習慣
因為已經上癮了，所以就算被禁止用手機購物也戒不掉這個習慣；那乾脆就將計就計在通勤時看其他有興趣的網站吧！就像是「雖然最喜歡吃牛排，但是壽司好像也不錯。」可以藉由手機裡的網站來蒐集是不是有比較便宜的美食情報呀。

舉例來說，上電視台的網站可以得到很多資訊，像是試鏡會、招募免費觀眾、禮物的發送訊息等等。其他也有像電子書、漫畫、電動、英文會話或證照考試等等的學習網站。雖然可能有這麼多便宜選擇，但還是在不知不覺間又點進購物網站的話……

瘋狂血拼時……

如果有無論如何都想買的東西，那建議就算多付手續費也要選擇貨到付款或到店取貨付款。因為只有在現金付出去的那一剎那，才會對自己到底花了多少錢有切身之痛。

而且當你在網路上下單的同時，就可以順便把這筆帳記到手機的行事曆上，就像是「鞋・3,000元」這種簡易家計簿。每個月月底一到，就可以順便把這筆開銷記入家計簿裡。

花掉360萬元

如果還有持續在工作，這種月花三萬元的血拼情形可能還會持續下去。拿起計算機約略算一下，這種情形連續10年下去花費就會高達360萬元！

如果這筆錢原封不動的存下來，或許可以拿來買一棟不錯的房子當頭期款，或是買高級進口車，甚至坐經濟艙環遊世界可能都沒問題了吧！

就算只花其中一半，另一半存下來也有180萬元，這些都是很驚人的數字！

後來蕙君就靠這幾招存了30萬元！

● 手機的行動家計簿。
● 善用手機瀏覽其他網站。
● 手機的感應付款功能。

蕙君一聽到再這樣下去10年後就會花到360萬元，連她自己都嚇了一大跳。

10年聽起來很長卻也是一眨眼就過去了，再像現在這個樣子毫無節制的揮霍下去，下場可能會很淒慘。於是我就問蕙君，如果不買東西的話會不會反而造成妳的壓力？

那在變成手指購物狂以前，通勤搭電車時的空檔是否會讓妳坐立難安或感到很焦慮呢？我得到的答案皆是NO；而且，蕙君說其實通勤時有沒有用手機都沒什麼差別。因為她想起以前通勤時就算不看購物網站也能好好過日子，所以就決定以後都看其他的網站就好了。

敗也「手機」,成也「手機」
不過萬萬沒想到蕙君後來竟然沉迷於手機行事曆內的行動家計簿、還有瀏覽其他網站。

　　因為把資料輸入手機遠比找紙筆作記錄還要簡單，所以隨時隨地都可以把自己買了什麼東西，或是吃了多少錢記錄下來，蕙君一開始還因為買了太多小東西，所以輸入資料時還輸入到快發瘋了。

　　另外蕙君也利用手機的行動銀行來確認銀行裡的剩餘存款，蕙君只要輸入密碼就能登入行動銀行的APP。

　　於是她先決定好零用金的預算後，在零用金帳戶裡的錢一下子就花光了，於是她又想辦法將預算分成1個禮拜存1次，這比起用信用卡購物更容易管理金錢流向。

　　網路購物的預算是1個月3,000元；如果這個月沒花完還可以累計到下個月；只要這個月沒用，下個月加起來等於就有6,000元可以花了。

　　平常花費的零用金，每個禮拜的預算是1,500元，臨時花費的預算額度為3,000元，剩的2萬1,000元就拿來儲蓄，獎金月份還會追加存到2萬4000元；蕙君最後就是以這個方法達成30萬元的儲蓄目標。

unit 4 沒有固定收入也能圓理財夢

對於沒有固定收入的人來說，「大賺時」的儲蓄更是首當其衝的必要工程。

甚至月收入只有2,000元！

身為自由作家的瑜玲沒有固定收入，然而因為每個月的收入差異實在是太大了，所以也說不出一個平均的數字。接到好案子的時候雖然也有不錯的報酬，但也曾經有過月領2,000元的記錄。

給收入不穩定的人幾項建議：
- 注意身體健康。
- 作最小額度的儲蓄。
- 「大賺時」更要大存。

安心地工作

對於自由業者來說，身體就是最大的資本，就算得了點小風寒，只要久病未癒就會越花越多錢。要是不幸得住院就無法工作賺錢，如果是一般上班族還有公司保障的有薪病假可領錢。

所以建議soho族最好還是要買醫療險，讓自己就算住院也能依住院天數得到理賠金，這樣才可以心無罣礙的工作。不過最重要的還是保持自己身體健康，遠離受傷病痛。

小額度儲蓄,擺脫0存款第一步

就算收入不穩定也可以開始存錢喔！每個月可以利用銀行定存的最小額度開始儲蓄。

每個月的預設日期一到，銀行就會主動將一般存款帳戶中的錢轉帳到定存的帳戶，這樣就會在不知不覺中存下來一筆錢。

如果一般存款、定存、自動綜存轉定存是用同一個戶頭的綜合存款，就算一般存款的錢已經用完，金融卡或公共費用要取款時還可以從定存的部份質借到9成的款項，非常方便。

「大賺時」更要大存

對於沒有固定收入的瑜玲來說，「大賺時」的儲蓄更是首當其衝的必要工程。一般上班族每個月可以自動轉存部分月薪，在薪資入帳的同時將固定款項轉帳入目標儲蓄或定存。

相反的，如果收入不是固定金額，那更要在有像樣的款項入帳時就先存下來！一般存款扣除日常開銷後還有剩的時候，也是存錢的大好時機！如果能保持「大賺時大存」的習慣，錢一定會越存越多。

利用有優惠的銀行開戶

瑜玲儲蓄的第一步，就是在匯入工作報酬的銀行辦理自動轉存3,000元。本來希望能轉到1萬塊，但是考慮到收入少時也要能確切地存錢，所以才以3,000元這個較容易的金額作開始。

瑜玲開戶的銀行，只要申請能利用網路銀行瀏覽所有的交易記錄和功能，且不使用紙本存摺的帳戶，就能夠免除在所有相關超商或ATM使用時間外的手續費。為了能更快使用這項優惠，瑜玲還換成優惠帳戶「One's plus」。

　　因為瑜玲本來就在這間銀行有開戶，所以就可以直接在網路銀行上將帳戶換成優惠帳戶。這麼一來不但在超商領錢不用任何手續費，而且不必出門去銀行也可以隨時在網路銀行看存款餘額。當有時收入比較多時，馬上就可以直接在網路上轉定存，一石二鳥非常方便。

　　瑜玲說開始存錢的時候，才發現以前總認為自己根本「無法存錢」簡直就是大錯特錯的想法，現在每個月都會將錢轉存至儲蓄戶頭裡，月底有用剩下來的錢也會再另外轉帳儲蓄。

成功的祕訣就在於改變想法

　　瑜玲因為存款越來越多就覺得非常興奮，不但戒掉了以前偶爾會搭計程車的習慣，去按摩的次數也越來越少了；結果每個月還能再多存到6,000元。

　　1年後……

- 最初的存款：10萬元
- 自動轉定存→3,000元×12個月
- 月底加碼→3,000元~1萬元×12個月
- 大賺時的儲蓄→1~6萬元×4次

　　　　　　　　合計…31萬元

瑜玲每月自動轉帳的3,000元，再加上月底和大賺時一定會加碼的習慣，成功地突破以往儲蓄未能超過3萬元的窘境，還交出存款超過30萬元的漂亮成績單！

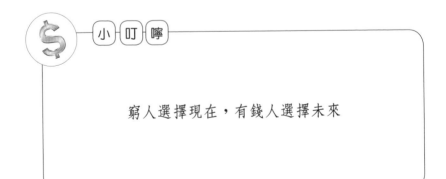

小 叮 嚀

窮人選擇現在，有錢人選擇未來

unit 5　誰說你存不了 「一桶金」！！

存錢的重要性，不是因為「有錢」就能買到快樂，而是開始存錢後，就能夠選擇想要的生活方式，漸漸成就屬於自己的理想。

雖然有固定收入卻存不了錢的靚香

粉領族的靚香年收高達120萬元，現在的儲蓄金額為60萬元，因為認為自己每月花費多，所以應該是存不了錢，但是跟男朋友計畫1年後將步上紅毯，自己現在很需要30萬，所以現在很後悔當初為何沒有努力存款。

給有收入進帳卻存不了錢的人幾個建議：
- 1通電話就可以省下很多錢。
- 調整成可儲蓄的狀態。

靚香認為與其花時間斤斤計較這裡可以省多少、那裡又可以少花一點錢，還不如好好的享受生活；換句話說，靚香認為節約等於是在浪費自己的時間。

　　比起省吃儉用來儲蓄，投資自己提升職場競爭力也是不容小覷的大事。但這並不代表我們可以把金錢這麼重要的東西隨意浪費。首先，讓我們一起來看看日常生活中是不是有些錢根本就不需要花的呢？

不需要忍耐或退讓也能減少支出

　　靚香的生活中，有很多服務是可以1通電話就確實地減少的開銷。例如重新確認手機通話費的方案、將第四台或保險費用改成年繳、用不到的信用卡辦理解約、申請銀行的優惠帳戶、或是將已經都沒再去的美腿俱樂部辦理退會等等…

　　一般我們都會有「存錢＝節約＝忍耐！」的刻板印象，其實不需要忍耐或退讓，只要不花錢在沒必要的東西上就可以減少開銷。

靠轉帳和網路專用銀行存錢

　　接下來，只要讓自己處在不知不覺就可儲蓄的狀態就可以成功的存錢了。跟上一回提到的瑜玲一樣，只要

能善用自動轉定存的功能即可。因為靚香是上班族可以領到公司的獎金和分紅，所以一年還可以增加2次自動轉存的機會，早日達到儲蓄目標。

而靚香原有的60萬元存款光是放在一般戶頭裡錢也不會變多；這筆預定作為結婚資金的款項可轉存到網路專用銀行，不但隨時都可以提領、利息還比一般存款高一點點呢！

不花錢三招,存出30萬

第一招：重看契約、變更契約、解約、退會！

第二招：轉帳和獎金加碼儲蓄

第三招：申請網路專用銀行的帳戶

靚香自從買了手機後就再也沒看過自己的通話費方案，所以她的第一步就是到電信公司去。

果不其然，她發現有好幾種加值服務根本就沒在用！她不但立刻中止那幾項沒用過的服務，還把資費方案改成最新的優惠方案；靚香光是這麼做，原本月繳

4,500元到6,000元的電話費就節省了將近一半！而且辦完這些手續前前後後幾乎只花了10分鐘而已。

靚香也變更了其他固定開銷的契約內容，還到美足俱樂部辦理退會，因為一直都沒時間去，每個月卻都還要繳3,000元的會費；而且以上這些手續都是打通電話就可以申辦完成。

靚香停止這些不必要的花費後，又開始擔心錢放在戶頭裡可能會莫名其妙地不知道花到哪裡去，所以就決定每個月轉帳1萬5,000元存定存，當獎金入袋時更加碼到5萬元。

儲蓄計劃才剛開始時，她認為不可能月存1萬5,000元，還曾經非常抗拒；不過自從開始實行後，才發現這好像也沒什麼大不了的。

靚香將原本只放在一般存款中的60萬元，轉到利息較高的網路專用銀行，還將其中的45萬元，改存1年期的定存。

● 自動轉定存→1萬5,000元×12個月
● 領到獎金時加碼定存→5萬元×2次

● 定存利息→3,000元
● 合計→28萬3,000元

成功的秘訣就在於偉大的目標

最後靚香有意識的存款就存到28萬3,000元，再加上一般存款的帳戶餘額從15萬元增加到18萬9,000元，所以存1年的成績就是28萬3,000元再加上3萬9,000元到達了32萬2,000元。

要存60萬元看起來好像得花個3年5載才辦得到，但為了結婚這個偉大的目標，1年就能存超過30萬，連靚香自己都覺得不可思議。

看到以上這幾個案例後，是不是覺得天下無難事呢？

其他成功達成目標的案例中，還有一個最令人印象深刻的就是硬幣存錢法。因為覺得存銅版很有趣，所以還養成特地把鈔票都換成硬幣一枚一枚丟進存錢筒的習慣。

一天丟一枚50元硬幣進存錢筒，一年就可以存下1萬8,250元呢！

MEMO

幸福有感的儲蓄計畫

盡可能讓自己每從皮夾花一塊錢時，都感到「心痛」，但存錢時卻「無痛」。

unit 1 　每月存7,000元擁有2,520,000元

有計畫地從每個月的薪水中撥款儲蓄，就可以在渾然不覺的情況下存下一桶幸福現金。

每月的平均儲蓄額為2萬3,000元！

　　根據調查中，勞動人口的每月平均儲蓄金額為2萬4,051元。想當然爾，每個人，每個家庭的儲蓄金額也會因為收入多寡不一而有差別，接下來右表就以年收入的差距，分成5個族群來比較。

　　果然以年收入的差異來作儲蓄金額的比較後，差距就從7千多塊到5萬多塊；以實領收入（收入－稅金、社會保險費＝可處分所得）的差異來看儲蓄率，差距竟然也從8%拉到24%這麼大。

年收入	～147萬	～194萬	～243萬	～315萬	315萬 以上	平均
勞動人數 （人）	3.09	3.39	3.48	3.59	3.64	3.44
勞動主年齡 （歲）	44.7	45.1	46.3	47.9	50.3	46.9
月實領薪資 （元）	84,208	112,757	137,073	167,326	283,730	231,422
儲蓄額 （元）	7,014	12,880	19,882	24,917	55,548	24,048
儲蓄 （%）	8.3	11.4	14.5	14.9	20.0	10.4

　　到現在為止都還沒有存款的人，最好能以實收入的
10%為初次儲蓄的目標。

月存7,000元就,30年後可以存到252萬元！

　　如果收入的1成打算用在儲蓄上，那薪水有7萬的人
就是存7,000元。仔細分析那些沒在紀錄家計開銷的家
庭，每個月大概會有將近1萬塊的開銷不知道花在哪些用
途上。把這筆莫名其妙的開銷利用定存或其它的方法存
下來的話，30年後就有252萬元。

每個月存1萬5,000元就可存到540萬元，2萬5,000元的話就有900萬元。只要一個簡單的定存轉帳手續辦好之後，就算每月僅存10%，日積月累下來的結果也能確切地幫你存下一筆錢了。

▶ 各金額複利30年後的結果

	7,000元	1萬5,000元	2萬5,000元
0.50%	25萬8,884元	51萬7,768元	90萬6,094元
1%	279萬7,589元	559萬5,178元	97萬9,1561元
3%	388萬5,013元	777萬0,026元	1359萬7,545元

　　252萬元之路也是從第一個月開始走過來的；現在就開始存錢吧！如果用10%生活日子還過得去的話，之後也可以再加把勁將儲蓄額度提高到15%、20%下去。

雙管齊下無痛儲蓄法

預扣存款
　　如果現在還沒養成儲蓄習慣的人，第一件要做的事就是去銀行辦轉帳手續。如果公司有目標儲蓄那就更好

了。從發薪日那天開始到把錢領出來之前，從薪資轉帳的戶頭中將收入的1成直接轉帳到定存的帳號裡。

在用錢之前就先「預扣存款」儲蓄，接下來再用剩下的九成來生活就行了。在下一個發薪日之前，只要能在這個月不要讓戶頭裡的錢變成負數，那就可以在渾然不覺的情況下把錢存下來了。

追加存款

1個月過去了，如果戶頭裡還有用剩的錢，那就先留下個月的預算後再將其他的錢也全都轉帳到存錢的帳號；這就是「追加存款」。另外，也可以把追加存款存到另一個帳號，如果有什麼突然需要用錢的情況發生，這筆錢就可以馬上派上用場。

累積的一桶金一下子就花光了！

開始存錢了，但是有天突然得支出一筆龐大的救急用款，眼看辛辛苦苦存下來的錢就這麼花掉一大半，這實在會讓人非常挫敗又氣餒。

如果在這個節骨眼就自暴自棄，起了「就算儲蓄也存不了錢」的念頭而打算放棄儲蓄，那只會變得更沒

錢。其實只要換個念頭：「幸好不必去借錢，存錢果然有必要！」一念之差就能讓人豁然開朗，也會更有繼續儲蓄的動力。

漫長的人生旅途上，無論哪個家庭都會遇到不得不把辛苦存下來的血汗錢花掉的時候。

舉例來說：
● 年輕加上收入不穩定時。
● 結婚第1年。
● 同時要為房貸和小孩教育費蠟燭兩頭燒。
● 退休後。

遇到這些情形時，沒有存款要怎麼辦？

尤其是房貸的還款金額平均約佔收入的20%。再來面臨到小孩教育費中最花錢的大學時期，到現在為止原本可以用來儲蓄的錢也不夠還房貸了，說不定還會暫時呈現入不敷出的狀態。遇到這些情形，如果手邊有存款就可以派上用場了。

將來如果發生什麼困難，能救急的就只有在還能存錢時努力攢下來的積蓄。就算真的存不了多少錢，也要

利用「預扣存款」存一筆小小錢。如果轉帳儲蓄的錢不
夠，銀行扣不到款就會停扣一次；等到下個月有多的錢
可以轉帳儲蓄時，再從那個月份繼續扣下去。話說回來
銀行也不會在你有錢的時候一次扣到2個月，別擔心。

　　如果遇到緊急支出要領錢出來的話，那就從「追加
存款」中提取。其實到哪個戶頭領錢都沒關係，但是為
了培養出良好的儲蓄習慣，準備一筆「無論如何都不能
碰的錢」是非常重要的。

 小 叮 嚀

1. 從收入的10%開始作儲蓄。

2.「預扣存款」用收入的10%，到了下個發薪日還
　　有用剩的錢就存入「追加存款」。

3. 有急用時，就算「預扣存款中的儲蓄金額」變
　　少了也要持續下去。

4. 應急的錢從「追加存款」中提領。

保險也可以強迫存錢

存不了錢的人基本上都有2個特徵，就是「每個月有多少錢就花多少」、「儲蓄已久的存款一不小心就花光了」。這種人要怎樣才有辦法存錢呢？

　　會存不了錢的人基本上都有2個特徵，就是「每個月有多少錢就花多少」、「儲蓄已久的存款一不小心就花光了」。這種人要怎樣才有辦法存錢呢？

　　別擔心，還是有很多專門的對策和方法，再來就介紹其中一項，利用商業保險來做長期規劃儲蓄（資產）。

你也是有無法存錢的特徵嗎？

　　存得了錢的人和存不了錢的人，最大的差別就在於

是否會把手邊的錢全都用光光。存不了錢的人之所以無法儲蓄，原因無他，就是因為總是習慣把手邊所有的錢花得一乾二淨。這看起來和收入高低一點關係都沒有。有辦法存錢的人，就算薪水真的很少，也會省下一筆小錢來儲蓄。

全世界的億萬富翁們都會異口同聲的說：不管有多少，一定要從收入中挪部分金錢用在儲蓄上；這就是在培養儲蓄的習慣。錢會喜歡的人，就是那些不管儲蓄額多少都會儲蓄的人。

只要有收入,馬上就存錢！

不過，現實中能因為存錢存到變成億萬富翁的人卻是少之又少。相信這個道理並不難懂，大家也都知道。但是知易行難，不然為什麼還是有人存不了錢，甚至有人最後還搞到破產了呢！？話說回來，無法做好自我管理的人到底要怎樣才存得了錢？

其中有一個方法就是在薪水轉進帳戶之前，就強制性地把要儲蓄的部分先行扣除。簡單來說，就是像勞健保或稅金一樣，在各位拿到薪水之前就已經被扣掉了；也就是在薪水入帳前就直接幫你把要儲蓄的錢扣掉。

人們往往都是因為看到有錢所以才想花錢。如果一開始連錢都看不到，那根本也沒辦法去花錢了。也就是說，在拿到薪水前先把錢放進儲蓄的口袋裡就萬無一失了。領到薪水時就馬上把該存的存一存，之後就不用擔心沒錢可儲蓄了。

從銀行戶頭直接扣款

保險費其中一種繳費方式就是直接從銀行帳號中扣款。商業保險的繳費方式可以選擇一次付清的單次付費、或是年繳等好幾種方法。但是想到要在薪水進帳的同時就可以扣款的話，那還是選擇月繳最可行。

月繳的保險費，通常都會依每間保險公司的不同，在每個月的月初或月底直接從銀行存款扣款。如果買了保險，這筆錢就真的動不了了。

很多人都利用儲蓄險存下一筆錢

好幾年前的保險公司也開始跟進，賣起養老保險、個人年金、學費保險等等以儲蓄為目的的保險，有很多人都是買了儲蓄險，才真的把錢存下來。像是定期存款或其它的金融商品，有的可以直接從自己銀行的戶頭裡

提領出現金。因此常常會有人才存到一半就將這些商品解約；不過因為儲蓄險解約就會讓人覺得很可惜，所以就很少聽到有人會辦理中途解約。大部分的人都會一直持續到期滿，然後再領回這筆儲蓄險的保額。

保費雖高卻無後顧之憂

保險會在我們銀行戶頭的錢用光前，強制性地從帳號扣款，這樣就能確實地幫我們存下一筆錢。大部分的人都知道自己是為了儲蓄才買保險的，所以就算保費很高也不會計較；因為大家都心知肚明自己花這麼多錢，純粹只是為了儲蓄而已。

將「保險和儲蓄分開」就有囫圇吞棗之嫌

我在書店看到有解釋商業保險的書、還有其他的理財雜誌上寫著類似「保險和儲蓄要分開」的話。

闡述這些論調的人認為：「因為保險會蝕本（比起支付出去的保險費，滿期金或解約時能領回的金額實在太少了），所以最好不要買。」、「一旦通貨膨脹（物價上漲）後，現在的100元在幾年以後可能價值剩不到1毛錢。

所以選擇有投資風險（投資的錢有可能增加、也有可能會減少）的投資基金等產品會比較好。」或是「還那麼久遠的事，沒必要非現在決定不可。」等等的。這麼想其實很可惜，因為這些意見都不過是主觀的推測和知識不足的想法而已。

商業保險不會蝕本

有很多商業保險確實是保險＝保障，所以有些保費的確是付出去就收不回來了，也有很多是領回的保額比支出的保費還要少很多。

如果不知道自己的保險到最後到底能領多少回來，的確會讓人無法安心。

其實如果有這方面的虞慮，可以直接詢問賣保險的保險專員，也可以直接向保險公司的客服中心確認。只要問他們幾年後解約可以領到多少錢，或是期滿可領回多少保額，他們一定會用最簡單明瞭的方式回覆我們。

錢的專家──理財專員──之中，也不乏有許多人是因為不知如何判斷未來趨勢最後就辭去這份工作。話說回來，未來的趨勢也並非真的難以推測。

　　至於先前提到不贊成用保險來儲蓄的人，有很多都
是認為以往到現在的物價不斷上漲，所以在這10年的通
貨緊縮後將會經濟復甦、物價上漲。

　　如此一來，商業保險的費用也會跟著調整，而且銀
行存款的利息也會調升，他們認為像終生保險、長期的
養老用保險、個人的年金保險等。

　　這些以現在的利息或貨幣價值來推算，將來應收取
的保費是不智的行為；所以最後才會衍生出否定利用保
險來儲蓄的想法。

　　乍看之下，這些想法好像都是經過深思熟慮的計
算，但其實這些想法都是毫無根據的推測。距今10年前
左右，也是有多到不勝枚舉的理財專員或經濟評論家，
在理財雜誌或電視裡高談闊論「3年後物價上漲的速度會
快到讓人措手不及」、「10年後的惡性通貨膨脹會讓國
家崩盤」等等。

　　還列出許多有模有樣的事情來舉證，這些根本就已
經超過一般的推測，甚至到了預言的地步，請各位觀眾
睜大眼睛看看現在這個時局，物價不過只上漲了一點
點，也沒有高度急速的通貨膨脹。

這些人的預言每一個都沒有實現,而這些預言家現今仍穩坐金錢專家的寶座,還是活躍在各大書報雜誌和媒體上。

　　我並不是要批評這些人,請各位別會錯意。這些「金錢專家」在當時也不是做了什麼壞事,只是預言了未來可能會發生的事情而已。

　　我在這邊只是想呼籲大家:數十年後到底會是經濟通膨或緊縮,物價上漲到什麼程度或下跌到什麼地步等問題,都請自己判斷就好了,因為關鍵就在於盲從他人的意見,就等於是把自己的未來都託付在他人的手上。

　　簡而言之,不要被那些沒有事實根據還說得一副頭頭是道的「專家」們耍得團團轉,自己的未來唯有靠自己冷靜地判斷才能立於不敗之地。再說,即使物價真有可能會下跌或暴漲,保險也都是所有儲蓄方法中效果很好的選項。

　　結論就是沒有必要跟著這些專家囫圇吞棗的將「保險和儲蓄分開」。如果還是覺得不妥,那就不要利用保險來儲蓄了,我只是希望告訴那些總是存不了錢的人一個鐵錚錚的事實:利用保險最後真的可以存下一筆錢。

老年生活用的資金也可以靠保險存下來

最後再告訴大家另一件關於保險的事。利用商業保險來儲蓄較適合長期規劃的人。因為一旦拉長保險的時間，就可以降低事務上的手續費，而通常期滿或解約時領回的保額也都會比較多。

靠保險來儲蓄的話，盡可能是選擇越久的期間越好，這比較像是投資在養老金，這種遙遠未來會發生的未知開銷。

小 叮 嚀

領到薪水時就馬上把該存的存一存，之後就不用擔心沒錢可儲蓄了。

60秒,變身存錢高手

每到了年底又開始嘆氣:「唉,今年又沒存到錢……」了呢?把這種話掛在嘴邊的人,很容易就會自我定型成「我就是個沒用的人」。

如果每到年底就開始嘆氣:「唉,今年又沒存到錢……」而開始喃喃自語起來的人可要千萬小心了,我們說出口的話就像是有「話神」在裡面,他們握有影響人生的大力量。

如果想改變自己的人生,首先可以先改變自己的口頭禪,本節就是要傳授各位「出一張嘴」就能讓錢愛上你的魔法咒語。

用說出口的正面話語,招來幸運和金錢！

我們人類不光是跟人說話的時候才需要「用字遣詞」,就連自己一個人在想事情的時候也會在腦海中「用字遣詞」。

因為人類都是照著大腦下的指令行動,所以常掛在嘴邊的話就像是在告訴大腦要做什麼,間接影響大腦下指令要我們付諸實行的動作。

由此可知,如果我們改掉說話的習慣,就能改變大腦中的想法,接下來我們一舉一動都會被大腦的程式自動更新。想一步登天直接改變想法難度較高,如果只是改變口頭禪應該馬上就做得到吧！

另外,最常聽到我們喃喃自語的人就是自己,因此在話說出口的同時就會在「潛意識」裡作工。「潛意識」的想法會隨時隨地並如影隨行地影響著我們。因此,只要在潛意識裡灌輸好的字眼,就能超越我們的反應改變我們下意識的反射動作。

只要靠言語的力量就能改變想法,進而影響自己有意識的行動,甚至潛意識裡的反射動作都被更新,實在

很厲害吧！再來最重要的就是把這些正面的想法白紙黑字寫出來，然後再放聲念出來。

聲音和文字等等的都會被有形且具體地呈現出來，不但具有更大的念力，也更容易在自己腦內扎根，進一步會提升自己「想變成這樣」的心情，自己也會在不知不覺間變成「想變成這樣」的人。

想和錢打好關係的話，基本上可利用下列這幾個句子。先寫在自己的筆記裡，**接著請每天都念個幾次『魔法咒語』**：「我最愛錢了」、「感謝您」、「快樂存錢法有哪些呢？」「每天應該怎麼花錢才能更花得更快樂呢？」

傳達具體的指令到大腦，夢想會更容易實現

有人的口頭禪可能是「想變成有錢人」、「想存到1億元」。可惜的是要實現這種願望的可能性比較低，原因有2點：

1點是因為「想變成XX」就像是在許願，等於是強烈地暗示自己「我還不是XX的人」。因此比起許願，念出已經成真的話語。

如：「我已經沉醉在自己所愛的事物中，擁有十分充裕的金錢」更重要。

另1點是在「有錢人」和「1億元」這兩個詞。從「有錢人」這個字眼裡看不出到底什麼叫有錢，因此就算想變成有錢人也不知道要如何下手。

那「1億元」的盲點就在於這只是金錢的單位，我們也看不到擁有1億元後的生活是怎樣；因此無法感動大腦，就不可能會連結到改變行為。你想過著怎樣的日子呢？只要腦海裡的想法越具體，念力就越強，也就越容易實現。

說出「算了吧」或「不可能」這種話，也會無形中改變自己的想法和念力，現在就別再浪費時間了，趕緊描繪出比現在更遠大的夢想，並且快快開始施咒吧！

魔法咒語（念著自己夢想中的生活模式）

「我總是過著豐衣足食的日子」、「做自己喜歡的工作、有足以運用的時間、到國外旅行時也都玩得很盡興」、「每逢週末，都會在我家看得到美麗夜景的客廳內舉辦宴會，並聚集很多好朋友」。

好問題,得到好結論

如果能一帆風順的完成夢想就好了,但邁向成功之路總是會發生許多意想不到的意外,當遇到困難時,口頭禪也能幫我們克服層層關卡喔。

如果絞盡腦汁也想不到解決的方法,那可能就是因為這個「問題」問得不恰當所造成的。

像是明明就想存錢,卻每每都圍繞著「為什麼我總是存不了錢呢?」或是「為什麼壞事總是會淪落到我頭上呢?」

這些問題打轉,那麼自然而然會出現的答案就是告訴你為什麼「不能成功的原因」了,這樣只會更加深自己「我是個沒用的人」、「什麼都做不好」的觀念,這些壞念頭也會更根深蒂固地在潛意識裡打轉。

如果想帶來好結果,就應該問「怎麼樣才能成功」的問題才對。因為這樣才是以「成功」為前提找資料,那會出現在眼前的才會是幫你解決問題的答案。

unit 4　存不了錢
錯永遠不在自己？

如果你是剛領到薪水就透支的月光族，或是銀行存款總是不夠用、甚至幾乎都是負數的人就非讀本章不可了。

　　約聘人員的Amy今年剛滿23歲。而GRACE則是外商公司裡的精英份子，這2人的收入差了3倍以上，偶然地在抱怨錢不夠用時才發現她們竟然有相同的困擾。她們同時都處在錢一入帳就花到一毛不剩的透支危機中，聽了這2人訴說為何總是會把錢花到一毛不剩的原因後，才知道原來他們都有一個共同的習慣。

Amy無法抗拒魔鬼的誘惑

　　公司約聘人員Amy在薪水扣掉勞健保等之後，實領6萬元。自己一個人租房子在外面，光房租就用掉了一半

的薪水，剩的3萬塊才拿來應付生活上所有大大小小的開銷。絞盡腦汁過著刻苦耐勞的日子，連米都跟上司拿，三餐省吃儉用都是靠自己料理，手邊卻總是留不住錢。

「每次一進到店裡面，就會被前來推銷的店員們攻陷。所以我只有在真的想要買東西的時候才會走進店裡……」

「唉，像我身上穿的這件大衣，本來打定主意預算不能超過3,000塊的。結果一進店裡就聽到店員讚美我原來穿的衣服，結果另外2個店員你一言我一語，說『這件大衣非常適合我』、還說這是最後一件……我連逃都逃不了，結果在那間店就買昏頭，一次就花了快一萬塊。」

Amy之所以存不了錢的原因，就在於自己的意志太薄弱。只要店員發動攻勢就會言聽計從，所以總是會花超出預算。對於這些無法說不的人，我會在我的理財座談會上請她們背下幾個「拒絕用語」。我也推薦了Amy幾個句子，其中她最喜歡的句子如下：

「謝謝你們推薦我這幾件讓我試穿。因為今天是專程出來逛街的，我還想要再多看幾件。如果不小心被買

走了，那就太沒緣份了。」用這招也可以破解「剩最後
一件」或是「快賣完了」這些攻勢。

先到其他的店走走，趁機冷靜下來再三考慮也是很
重要的。我之所以會這麼說，是因為Amy身上那件1萬元
的大衣實在是很美，但希望她心裡想的不是「我竟然買
了這麼貴的衣服」，而是「買了這麼棒的大衣，我一定
要更努力的工作！」

每「月」花光光,難免心慌慌

Amy說她在發薪水前總是會「坐立難安」。那我
問她這種坐立難安的心情是從發薪水前的第幾天開始的
呢？

Amy回答：「領到薪水的那天，我會先把房租、水
電瓦斯費和卡費都繳完，接著就開始坐立難安地等待下
一個發薪日。」

這樣聽起來，Amy坐立難安並不是在發薪日前開始
發作，而是從發薪日之後就開始了。換句話說，就只有
剛發薪水的那天才能安心；那到底是什麼造成這種焦慮
的呢？

「水電費那些日常開銷不繳不行，只要手邊沒現金就會開始刷卡買東西，總之就是想盡辦法撐到發薪水那天。但刷卡買東西常常一買就停不下來，結果要付的卡費也多到令人頭痛……」

Amy就是因為這樣所以才留不住錢的。其中最嚴重的問題，就在於花光存款後就用信用卡買東西。

刷卡付費的功能，就是在購物時讓信用卡公司先付費，之後我們再還款給信用卡公司；換句話說，就是在跟信用卡公司借錢。但是因為沒有看到現金交易過程，所以就不會意識到自己借錢的行為。Amy的眼光都集中在眼前那些金錢問題，所以就得一直挖東牆補西牆，在借錢還錢的地獄中輪迴。

告訴自己該存錢了

「我以為只要還完卡費別付到循環利息就好了……」

Amy的現狀是只要刷卡或用現金卡借錢後，為了要還這些錢又得再去借錢，所以這些絕對都是被禁止的行為。如果有一天公司的契約到期了也不再續聘，那找到

下一份工作之前的空檔，沒有錢要怎麼過活呢？「到時候花錢的狀態會變成只出不進，接下來會發生什麼事用想的就很可怕了吧。光想到這裡，真的連想換工作的勇氣都沒了。」

　　Amy因為自己賺得不多，所以就打消了儲蓄的念頭；取而代之的是不斷地花錢，像是飲料、美食、雜貨小物、約會……等等，這些開銷其實都可以再檢討的。

　　首先先利用一筆定存讓自己站穩腳跟，就算臨時得花掉大筆存款也不至於驚慌失措，而且帳戶餘額不足也有質借功能可以自動融資。「第一步就從發薪日那天先存下800元、或是1,000元，這樣就好了」

　　而最重要的就是停止用信用卡刷卡消費，目的就是為了不再陷入借錢還錢的循環。Amy眼前已經確定有一個現實的問題要面對，就是這個月為了要付卡費所以手邊已經沒有任何現金可用了；那接下來就做2個月的觀察，重新檢視自己的花錢習慣，並且只能用現金購物。

　　「雖然一開始還會擔心：如果只花現金會不會花的比刷卡更多？後來漸漸發現只要別浪費錢在不必要的開銷上，不需要刷卡就能好好過日子了。」

Amy非常喜歡小孩子，她希望將來能做跟小孩有關的工作，或是轉行從事教育相關行業。我也希望她能為了自己將來的職涯規劃，早日養成理財習慣以便日後能投資在自己身上。

而更令人印象深刻的是GRACE。270萬元的年收是很多人望塵莫及的目標，但為什麼最後總是花到一毛不剩呢。

「現金卡能有效支出」就大錯特錯了！

38歲的單身GRACE年收高達270萬元；有這麼多收入應該不至於過著捉襟見肘的生活了吧，但過路財神GRACE的錢總是右邊進左邊出，戶頭裡的數字也一直無法成長。

「固定開銷就只有為了孝順母親，每個月幫她繳2萬5,000元的房貸，然後就是自己的房租5萬塊。至於到底花多少錢在生活費上，我也說不出個所以然。」

GRACE剩下的錢聽起來應該就是花在大樓的公共費用、午晚餐的外食費、和卡費。GRACE的問題看起來也是出在卡費上。

因為換了工作收入增加，卻也因此而增加了刷卡消費的機會，GRACE現在手上就有3張信用卡。「曾經有一度為了還卡費傷透腦筋，朋友告訴我可以利用信用卡的循環利率來做金錢管理，於是我就去辦了2張信用卡交替運用。」

循環利率就是在買東西時，每個月都有像3,000元或5,000元的固定額度，這個月過去了下個月又會恢復到原先預設的固定額度。重點是這段期間的欠款利息高達15%。

舉例來說，用1張信用卡買了30萬元的東西，選擇用循環利率的方式來還款的話，第一筆還款金額是1萬元。

只要額度沒用足，需償還的款項也會減少，要把這筆錢連本帶利都還完竟然需要167個月！換算下來，也要將近14年。

如果辛苦一點，每個月還1萬5,000元也要花2年才還得完，而且光利息就要還到將近5萬7,000元。但事實上一邊還款還會一邊購物，最後這種邊刷卡邊還錢的循環也將永無止境地繼續下去。

下定決心,人生沒有晚一步的存款

幸好GRACE的收入穩定,工作也非常順遂,還不至於淪落到成為無法還錢的多重債務者;但眼看每個月都快刷到額度的上限而過著如坐針氈的日子。

再這樣繼續下去,不但辛苦工作賺的錢都得拿去繳卡費,還要一邊被循環利息給追得喘不過氣,最慘的是還會錯過為自己將來存錢的機會。

「雖然每個月到最後總是勉勉強強把錢還完,但是一想到自己到現在也都還是小姑獨處,將來老了以後真的就不知道該怎麼辦了……」

看著愁容滿面的GRACE,我告訴她如果每個月在信用卡裡週轉用的錢省下3萬元就好;把這3萬元存起來,25年後就有1,000萬了。如果以循環利率的一半8%來理財,25年後的稅前餘額將可高達3,166萬元。

「3166萬元?我沒聽錯吧!是316萬元嗎!?」

沒聽錯,就是1,000萬的3倍多,3,166萬元。其實GRACE現在養著一隻下金雞蛋的金雞母,只要現在刷卡

不超過上限就不會把這隻金雞母吃掉。解決問題最好就是停止使用信用卡，全部改成用現金付款。

GRACE一直以來都不吝於把錢花在自己身上，為了能更快活的工作，無論是按摩、三溫暖，連算命占卜都會去。她在家裡也不會虧待自己，冬天一到暖氣開滿整間屋子，甚至暖到要穿短袖。

對於水電費更是毫無節制，雖然善待自己很重要，但熱到還要穿短袖就有點誇張了，於是我要GRACE好好區分舒適和浪費的差距，訂定了為期的1年半的存錢習慣養成計劃。

看到上面2個例子後有什麼感想呢？

Amy和GRACE是個性截然不同的2個人，但留不住錢的理由卻如出一轍：她們都是因為現金用光了就開始刷卡，薪水一入帳又得還卡費，無止境循環的結果就是存不了錢。

因此**奉勸那些對信用卡沒有抵抗能力的人，一定要特別注意才行！**

unit 5　回不去的上漲物價

「駕馭金錢」是每個人都要有的技能，尤其是現在萬物都飆漲的年代。

　　貨幣貶值、股市走跌、油價上漲……在資產不斷減少的同時物價卻一直居高不下，似乎大家都被家計問題壓得喘不過氣來。

　　為了不讓家計開銷陷入危機狀態，動作快的人都已經開始行動了，這並不是在叫大家非勤儉持家不可，而是應該因應時局邁向另一種新的生活形態。

　　「貨幣貶值、股市走跌、油價上漲」這些字眼好像最近常常出現在新聞報導上。如果覺得反正自己沒有在投資，所以這些事都跟我沒關係，那就大錯特錯了！

因為這三項指數的三面夾攻下，物價指數就會跟著
水漲船高。對金錢問題較敏感的達人們都怎麼應對呢？

連爸爸都改騎電動腳踏車

騎在坡路上也絲毫不費力的電動腳踏車，現在的銷
售業績已經比5年前多成長不少。想必是這跟違法停車的
取締越來越嚴格，再加上油價不斷上漲有關係吧！

以往對電動腳踏車的刻板印象，不外乎就是有充電
器的腳踏車。但是現在賣得最好的新機型看起來非常時
尚。充電器不但小到讓人幾乎忘了它的存在。

每個品牌也都不斷推陳出新，下了許多功夫在車身
的顏色或外型上。現在甚至還有推出登山款這麼帥氣的
設計，連輕巧方便的折疊車也有琳瑯滿目的選擇，就算
是男性騎起來也非常帥氣。

電動腳踏車的好處

● 不費吹灰之力就可以去搶購特價商品。並且還能輕
而易舉地將車子停在沒有停車場的超市。

● 取代短程家用小轎車的使用，節省不少油錢。

● 運動量遠大於開車族，拯救新陳代謝問題逐漸亮起
紅燈的現代人。

話說回來最令人在意的就是價錢了，一問之下竟然1萬到3萬元之間就可買到。對住在都市的人來說，只要將臨時開汽車外出時停進收費停車場的費用和油錢省下來，大概1～2年就可以買1台電動腳踏車了。

以電動腳踏車代步不但身心都會越來越輕盈，金錢的負擔也會越來越小呢！

50元特餐和自己帶便當

午餐是所有上班族的必要開銷。吃飯皇帝大，為了能精神奕奕的工作，伙食費實在很難省下來。假設一餐要花150～200元，23天就幾乎要花4,600元。

出門前，將煮好的飯和吃剩的菜一起裝進便當盒帶去公司當午餐，那就可以省下一大筆外食費用了！相信有很多人早就都這麼做了吧。

自己帶便當的好處
- 對便當盒裡的食物和產地一清二楚。
- 靠自己就能掌握一餐的熱量。
- 便當裡都可能是吃前一天煮好，吃剩下的飯和菜，所以可以盡情選購自己喜歡的食材。

如果真的沒辦法自己做便當，那可以考慮現在最流行的50元超便宜中午特餐，到底一個50元的便當裡面菜色如何呢？

直接上Google搜尋關鍵字「50元便當」，就可看到許多圖片，裡面的菜色豐富到讓人忍不住懷疑這樣真的只要50元嗎！？

超便宜便當和定食的好處
● 每天都會有不一樣的菜色，以白飯為主食
● 某些特定的餐廳會推出份量十足的大餐

根據調查，比起2～3年前有22%的人都降低午餐預算，只吃麵包、烏龍麵，這些食物的確是可以降低午餐預算，但這對非吃飽不可的人來說可能就不太適合了，為了能在下午好好工作，還是會想吃飽一點吧。

利用外幣存款

一般我們都會有「外幣＝美金」的刻板印象，不過當美國景氣不好的時候，這麼貴的美金就不再吸引人了。換句話說，就算以100貨幣比1美元買到很多美金，只要貨幣居高不下就會短了利息，買外幣時這點也一定

要考慮進去才行。貨幣活存利率只有0.5%，相較之下美金定存的利率似乎是比較高的。

但貨幣換成美金時的手續費和到時再換回貨幣時的手續費也要再算進去，而且利息也還會再扣稅，假所以在買外幣前一定要先算好貨幣升息多少才能回本，可利用銀行的網站試算後再買。

「投資外幣有可能會虧本，所以還是少碰為妙？」那倒不見得，投資所有東西都一樣，千萬別一次用掉所有的錢。

假設手上有10萬塊的話，一次1～2萬分次投資才是最聰明的投資法。就像是看到1美元對30貨幣時就一口氣花光所有的錢，等美金比貨幣掉到1比28時就會悔不當初，因為已經沒有錢再買了。

還有一點要注意的，就是用來買外幣的錢最好短時間內沒有其它用途。不然好不容易買到比貨幣存款利率更高的外幣，結果在貨幣上漲時需要用錢，那能換回來的貨幣價值反而就變少了。因為我們無法預測到底需要用錢的那天匯率會如何，所以投資時就盡量別用有其他計畫的錢來買。

外幣存款的優點

● 比貨幣定存利息高，就算是在貨幣漲時買入、跌時賣出，匯差也會比較划算

● 貨幣跌物價就會上漲，如果此時有外匯存款就可避免資產縮水

● 會開始關心購買幣別國的新聞

看起來買外幣是個不錯的選項吧！這些都僅是為了因應物價不斷上漲的眾多對策裡，冰山一角的一點小意見而已。

其他還有多到不勝枚舉的應變方案，像是為了節省冬天暖氣費而熱賣的披肩小毛毯（，或是為了省下飲料費可隨身攜帶的水壺或小巧隨身杯，這些都是轟動一時的雜貨小物。

我們可以藉這個機會好好檢視生活中是否還有什麼可以更節約的地方，讓我們一起創造不被物價打敗的生活對策吧！

MEMO

發現生活省錢力

存錢其實只是從小地方開始，
改變使用金錢的習慣，一樣可
滾出自己的一桶金。

unit 1　生活小地方 省出小桶金

曾有研究指出，養成習慣的祕訣，在於重覆21天做相同的事。找出讓自己樂於存錢的好方法吧！

　　一直到現在，對於十多年前的一幕場景到現在都記憶猶新，那是在第一份工作的休息室中……

3年存100萬

　　畢業後一年順利進入一家大公司就業，由於是基層員工，所以起薪自然不怎麼可觀，又由於從事的是光鮮亮麗的交通服務運輸業，因此固定有一些支出花用在女性喜歡的物品上面，像是化妝品、衣飾、鞋子……等等。雖然沒有到達所謂透支的狀況，但是從來沒有特別想到、也不懂得要特別去省錢。

　　工作一、二年之後，對於工作有正常性的倦怠感出現，也很希望能有個「長假」來做轉換，在這種時候，如果有足夠的經濟條件，即便是轉職也不會過於擔心。

　　就在與同事們一起感嘆沒有條件休息放長假的時候，有一位女同事突然宣布她要離職了。大家都十分好奇為什麼她就沒有經濟方面的顧慮呢？

　　她說：「我工作的這三年大約存了一百萬，我想利用這筆錢幫助自己轉職並且進修。」

　　聽見這句話，在座的每一位都被狠狠打擊了。心想：和她一起工作三年的我們，也應該可以存到的一百萬跑到哪裏去了？

輸在存款的起跑點

　　一百萬對一個成功人士來說也許是一筆小錢，但是對一個初入職場的小員工來說卻不是一筆小數目。為什麼人家可以存到一百萬，自己卻沒有呢？

　　這位同事後來在大家羨慕的眼光中離職，在休假的過程中充實自己，並且順利進入理想的公司工作，薪資

等級比起我們已經是又高了一級，這只是筆者最初對於「省錢」一事有沉重反省的一個小事件。

此後我醒悟了「省錢就是賺錢」不是一件不值得或是遙不可及的事情，也是初入社會的年輕人最該擁有的能力。

把自己當成企業省成本

全球經濟環境不景氣是不爭的事實，除了有條件、有膽識、或者有機會的年輕人能夠在創業求財的冒險中突破重圍之外，一般人多半趨於保守，尤其沒有資本條件的社會新鮮人或者白領、粉領上班族，寧可在已有的經濟基礎上守成，實在沒有多餘的資源可以掙錢了。

在這種條件下，如何在日常生活中做到「節省」就是一門很大的學問了。其實不管是不是守成性質的一般上班族，就算是創業者也非常需要了解節省的學問。

因為如果能在生活中節省，也就意謂著你在經營一間工作室、一家公司、一個企業也能夠同樣有節約的概念，這就是所謂的「成本控制」。一個好的企業公司尤其需要成控的概念。

　　而一個家庭或者一個個體戶（一個人）也是一個迷你企業，自然也需要成本控制了。如果把省錢當做有計劃的成本控制，那麼實際執行起來就會更有效率。

　　一個個體戶，也就是一個人，該如何在生活中做到省錢呢？這個問題換一個方式來談：如果將個體戶當成一個迷你企業來經營，你就是自己的CEO，那麼你要如何指揮你自己進行成本控制呢？

　　用這種說法來談的話是不是很有挑戰性，也有趣得多了呢？附帶要提到一點的是，坊間有許多專家總是提醒想要讓生活多點規劃、多點節約的人要妥善運用「信封分類法」來做金錢的處理。

　　所謂「信封分類法」就是在每個月領到薪水的時候就事先將它分成幾個用途種類，然後一一放入信封袋內（或者一一存放在不同的帳戶中），譬如將所有的薪水分成生活必要開銷費用、娛樂費用、學習及進修費用、不動用項目……等等。

　　信封法並不是不好，它把金錢的運用事先就分開，這樣可以清楚了解自己在哪一個方面花費比較多、比較少，能夠充份規劃。

然而實際的情況是到了月底，某一項目的費用超過了之後，人們往往就會向另一個還沒用盡的項目去挪借，這樣的情況並非少見，據調查，幾乎90%使用信封法存錢的人都曾經使用這一招。

因此可以想見，光是做規劃或者使用什麼特定的方法並不能有效讓人省錢。

有效的省錢方式就從改變中開始

改變一些浪費錢的習慣，等於養成一個存錢的好習慣，這才是真正有效的省錢方式。一個擁有正常工作的職場人士在生活中會花用金錢的情況都很類似，那麼要如何改變呢？

生活的需求就是你這個「個體戶」各個部門，CEO下達了「成本控制」～也就是「節約」的指令，各個部門將如何進行呢？

我們可將自己當成一個迷你企業，在各種可以調整的單位中進行一場個人的成本控制吧！

unit 2 改變「餐食」部門

現代人張口閉口無一不是「食」的問題、所有的媒體和資訊都圍繞在「食」的問題之上。這不光究因於台灣人愛吃、好吃、懂吃……

　　想要好好的吃，需要付出的錢可能比吃到的口感來得有刺激性啊，既然影響如此巨大，要省當然就從這裏開始！

老生常談也很重要

　　想要吃得省又要吃得好，確實不容易，不過有一些老生常談卻是最基本該做到的：

　　一、自己採買、自己做菜。

　　二、將生活盡量規律，三餐正常吃，不將錢花在多餘且傷身的零食宵夜上。

三、貴的餐點不一定好吃。
四、不暴飲暴食。

　　這些老生常談對於在吃食上具有真切的道理，而且也是現代人養生的第一潛在規則。

　　自己在家烹飪的好處是顯而易見的：因為食材自己選擇，可以挑選到最合口味的，並且絕對料多實在。譬如外面流行的知名拉麵店，動輒一兩百元起跳。

　　但是仔細研究，除了湯頭可能一般人很難備料，其餘的食材都是非常便宜的食材，兩片豚股肉如果有價值的話，那些玉米、青菜、蛋類的東西真的需要一兩百元嗎？再好吃的麵條也不過就是麵條，這樣的程度其實自己在家簡單烹煮也能達到滿足的水準。

　　此外現代人經常外食，有一種惡性循環經常發生，那就是在外面吃的時候嫌貴，所以點得少，回到家又肚子餓了，只好以零食裹腹。

　　零食是經濟效益極差的東西，本身材料價值低，加了一大堆化學調味料之後上架，熱量既高又含棕櫚油等危害健康的東西，而且還無法真正填飽肚子。

吃進這些垃圾食物肇因於你前一餐吃得不夠，這樣是不是很不值得呢？

店面或餐廳基於店租及原物料的考量，一般自然是直接將成本轉嫁到消費者身上，因此很多餐點的高昂價格並不一定表示是它本身的價值，你可能只是在幫老闆分擔地段店租或是猛漲的瓦斯費。

況且到餐館中用餐多半要支付一成服務費，你想想看如果這一成服務費需要的只是自己端端盤子、桌面排列，還不如自己在家做呢！

吃到飽的餐廳就更是不可取了。美其名是吃到飽，但是一個人的胃真的可以裝得下那麼多東西嗎？可是吃到飽餐廳標示出的價錢都十分高貴，就算你只吃昂貴的食材也不可能達到那個底線，而且身體或許也會提出抗議呢？！

這個論點是見人見智的，不過以醫學的觀點來看，暴飲暴食絕非正途，讓腸胃能夠從容地工作才是保養它們最好的方式。如果訪問一些高壽健康的老人家，你很難聽到有人會表示自己是個「食量很大」的人，大部份的人篤信每餐「七分飽」，這是照顧身體不變的真理。

如果你要管理你自己身體的這家公司，絕不會想用超時加班、加量的方式進行吧！管理人可是要負很大的責任喔！

前面說了這麼多，也不是說絕對不能外食，因為都市人生活緊湊，外食是在所難免，偶爾聚會在餐館用餐也有人際交流的加分作用，這些是可允許的，但如果你天天外食，這樣就不太應該了。

想要省錢，你盡可以做個小試驗，一週的時間可能看不出來，記錄兩週或三週天天外食的費用，然後試行兩週或三週盡可能自己在家開伙，結果會讓你明白「老生常談」說的是什麼喔！

延長保存食物時間

都市人生活忙碌緊湊，總是利用週末假期時到賣場做一次性的採買，量販賣場也看準了這種商機，多半賣的是量販包裝。

不論是生鮮產品還是乾貨，一買就是一大箱或一大包，食物太多屯積在冰箱，時間久了一樣不新鮮。單身貴族或許沒有這種問題，但是確實有很多沒有實際持家

的年輕人以為冰箱是萬能的,許多東西都堆在冰箱,冰封許久後才想要拿出來吃,卻發現已經腐壞了。因此在收納食品時有許多小竅門:

一、生鮮肉品可以分袋裝好再冷凍,要取用時就不必全部退冰,避免重覆退冰造成的菌數問題,而且可以輕輕鬆鬆取用適當的份量。

二、蔬菜平時可以用報紙包好再放進蔬果冷藏室,但是這樣的做法也只能多維持幾日。如果真的份量太多了,建議將它們洗淨後先川燙起來,然後再冷凍,冷凍蔬菜在需要使用的時候可以直接退冰再烹調,方便又能增長保存期限。

三、嫩薑、蔥、芹菜、香菜等經常用來增加烹調風味的食物,價格會隨著市場因素起降,一般來說都是煮飯的人每天都需要用到的,但是如果時間放久了往往都壞掉不能再用,相當可惜。

將嫩薑、蔥這兩種東西在新鮮時以鋁箔紙包裹再放入冰箱,可以延長相當久的使用時間。假如預期要放更久的時間,還能將它們切丁分成小包放入冷凍庫,需要的時候一包就是一把,是變身料理達人的方便小撇步。

如果買回家的食物都能物盡其用，那麼吃得好、吃得巧就不再是遙不可及的事了。

利用節約好幫手

在廚房忙過的人都知道，有時候為了要燉煮出好的風味，瓦斯爐得一直燒著，那瓦斯可是很貴的呀！如果是單身上班族下了班回家，只為了煮一人份的餐點而要燉煮極長的時間，怎麼算都不划算。

因此要如何自己烹調並且節省瓦斯費用也是一門學問，有時候適量以別的方式取代瓦斯爐火，像是蒸煮及烤箱，但是電費也是省錢一族必要在意的環節不是嗎？這時候就十分推薦悶燒鍋囉！

很多人喜歡盲目追求品牌，連鍋具也不例外。一些進口快鍋及鑄鐵鍋即使真有某種程度的好用，但是價格昂貴，並不是一般薪水族可以隨意購買的。

其實準備一個好的悶燒鍋，就可以擁有進口快鍋的功用，價錢還是它們的三分之一甚至四分之一，何樂而不為？悶燒鍋既省電又省瓦斯，可千萬不要小看了它的妙用。

閔燒鍋的原理是利用悶在鍋內的高溫來維持烹煮時一定的溫度，只要能夠事先準備好，在等待悶燒的過程還可以非常放心地做些別的事，等到時間到了拿出來就是一鍋好料。

有時為了方便，我會在前一晚準備一鍋鹹粥，睡前煮開後就放進悶燒鍋中悶煮，第二天一大早就能立即吃到熱呼呼又軟爛綿密的鹹粥，而這一切都在我的睡夢之中完成，真的是太完美了。

掌握外食「小確幸」地點

現在大家都了解了潛在規則，但是如果必要外食的時候該如何選擇呢？

流行是帶動金錢的一個指標，流行的餐廳不適合想要省錢的小資男女經常光顧，那麼什麼地方可以吃到好吃又便宜的東西？

基本上，校園商圈的飲食多半好吃，價格也比較低廉，有時還能兼顧流行的感受。為了迎合校園附近龐大的學生族群，商家的訂價多半是學生可以負擔得起的，而且透過學生口耳相傳的評價快速傳播，這樣做是對商

家自己也有利的。如果學生多的地方太過擁擠，你也可以造訪一些巷弄內親民的小吃店，如果發現口味不錯價格也還能接受，將它變成你外食生活中的小確幸，簡單外食也能擁有低調的幸福。

此外，在外用餐的時候可以多研究一下菜單，有時候不同的組合能夠省下不同的消費，還能吃上較多口味。一般來說餐廳都附有套餐組合，這種套餐組合一定是貴的東西搭上便宜的東西。

便宜的東西就像是飲料或是少得可憐的小菜，如果是這樣的組合，建議可以再多比較一下其它的選擇，飲料及小菜或許根本不是你想吃的，別被套餐組合的促銷優惠給騙了。

準備便當或是在公司內的員工餐廳用餐

現在的企業多半對於員工餐廳有一定的重視度，如果公司內有員工餐廳，不妨盡量前往用餐，因為公司一定對員工提供有優惠。

能夠以清新的價錢飽足一餐是許多上班族最理想的民生解決方案，千萬不要對員工餐有固定的刻板印象，

而總是在用餐時間到外面四處尋覓，最後不僅浪費尋找時間，也沒能吃飽，還花了不少冤枉錢。試想如果員工餐的優惠比外面省下了二十元，一週就能省一百元。

積少成多絕對是省錢一族必要謹記的守則

想要省錢，一定要避免在自己的身上有「拿鐵因子」的存在。「拿鐵因子」是什麼呢？基本上拿鐵兩個字可以換成是任何一種東西，都是現代人崇尚品味及流行而自然形成的因子。

每天經過咖啡店就覺得必要來一杯拿鐵咖啡，有時候並沒有這麼需要，但是既然經過了就還是買了一杯。這就是「拿鐵因子」。

每天一杯飲料，一杯咖啡算五十元好了，一個月下來也花了將近一千元。更何況一杯咖啡的錢根本不只五十元。更糟糕的是本來沒有喝咖啡習慣的年輕人因為跟流行所以每個人都開始喝咖啡。

要知道為什麼便利商店要積極搶進咖啡這一塊，那就是因為這一塊容易賺到錢。哪一個商家會積極搶進一種不容易賺錢的商品呢？容易賺到錢表示東西未必很細

緻，因此我建議生活作息很正常的人根本不需要每天來一杯咖啡。

這種拿鐵因子換成其它任何一種東西亦然。

昂貴的麵包店遇到了就非得進去買一點東西。遇到特價品就覺得非揀便宜不可。辦公室團購時不管自己需不需要就立刻跟進……這都是在吃食上要不得的習慣。

真正有品味的人不是要盲目跟著大家吃，而是吃得健康、吃得簡單又滿足。

促銷手法是商家推出的，獲利的絕不是你

採買時避免因為「買一送一」、「買三送一」這一類的促銷手法而無意識的入手也是很基本的省錢觀念。因為如果買的不是原本計劃中的東西，到最後往往會過期丟掉或者勉強吃下，這些真的是非常不必要的浪費。

買東西的觀念在於「需求」，而不是「得到」，如果總是抱著想要「得到」東西的心態去採買，往往就容易貪小便宜，最後帶回家許多原本不是計劃中想採買的食物，這時候不僅在烹飪時容易為了使用這類食物而使

用，也就是「多買多吃」，連帶吃不完的食物也多，廚餘也就更多。

台灣人在飲食上的浪費是全球第二名，廚餘量是整個南亞及東亞的九倍！如此之多的食物浪費值得我們注意，真正的「良食」不是豐富，而應該是吃得簡單健康幸福。

夜市內都是小吃，可以替代花錢的正餐？這是陷阱

夜市內的東西看似小錢，但價位通常都在五十元上下，份量又是要大不大、要小不小，吃一份吃不飽，吃兩份就已經超出預算，這就是夜市的陷阱，隨隨便便到夜市想要解決正餐，一個不小心可能花費就超過兩百元。因此夜市只能當成逛街品嚐小吃，不要任意想在夜市「吃到飽」。

而且到夜市最常發生的情形就是：「本來想吃A，結果卻吃了B，因為吃B就吃飽了，但又不想放棄A，於是還是去買了A，最後A就吃不下了~」一個人如果連自己的口腹之欲都不能控制，那麼可以說其它所有的大事也應該都控制不了了吧！

便利商店也會不經意讓鈔票變少

台灣的便利商店多如牛毛，短短一條街上就可以找到三四家不同招牌的便利商店。也由於商店之間競爭激烈，因此便利商店可以說是越開越大，什麼都賣。

商家為了要吸引消費者進多多消費，還會推出各種集點換獎的活動，各色的兌換品如杯子、小玩具、可愛造型筆等等，讓你覺得非要不可。

其實便利商店的開設最初是為了方便而已，讓人們在臨時有所需要的時候能夠有個「方便的好鄰居」可以提供解決之道，但曾幾何時，因為便利商店真的好多，冷氣開放並且燈光明亮，成為街角的一處休息站。

有時走著走著遇上了就彎進去一下，這一進去多半就買了一樣東西，夏天買飲料，冬天補充熱量，就這樣，就算是銅板就可以買到的東西也只不過因為「遇上了」就花費出去，一時找不到零錢，一張百元鈔就掏出來支付了。

你是否曾經想過：如果現在沒有遇到這家便利商店，這一把零錢會用掉嗎？

　　有些人為了要收集兌換商品，甚至特地到便利商店消費。那些換來的東西真的有這麼重要嗎？

　　如果消費者知道這些小玩意的成本，就會對這些小商品「另眼相看」了，而你為了這個根本沒有多少成本的東西集點，已經花了一大堆的錢。

　　便利商店裏的東西都幾乎沒有折扣，在當中消費是最不明智的選擇，因此這「街角彎一下」的習慣務必要戒除。

 小 叮 嚀

想要省錢，一定要避免在自己的身上有「拿鐵因子」的存在。

unit 3 整頓「衣裝」部門

通常有各種理由讓妳覺得「我還需要一件」！然而服裝的
花費確實是不容小覷……

粉領族感到最令人費心的莫過於上班的服裝了。男
性的感受好像沒那麼深，但對女性來說可是首要事件。

然而控制欲望是很難的，要女人控制欲望更難！

因此在這個章節中我們並不是要求大家不要買衣
服，而是認清工作場合不是該花費太多金錢的地方。

其實有意識到這一點的人會發現，職場中總是有些
同事精神百倍、充滿專業形象，但他們不把時間浪費在
選擇衣服上，而是用在如何於工作上精進。

不把時間浪費在衣服上、又不想為難自己的欲望，該怎麼做呢？

縮減購衣成本

最簡單又最有效的第一步，就是將搭配好的精心打扮當成制服來穿著。這是什麼意思呢？

一個星期有七天，扣除假日兩天暫不計算，有五天時間要上班，妳可以事先搭配好五六套心中最喜歡也最合適的裝扮，然後將五套最滿意的打扮固定時間穿著。

每週一穿的、每週二穿的、每週三穿的……都固定下來，這些搭配都是妳最喜歡最欣賞的，因此穿起來絕對不會有勉強感，還能享受到每天都容光煥發的感受。

固定穿著的好處太多了，除了可以省下許多每天挑選衣物的時間之外，頓時也突然像有了制服穿著那樣不再一直處於「缺少一件」的感受之中，更可以充份發揮每一套衣服的價值。

妳說這樣一來不是太無趣了嗎？這裏要重申的一點就是「職場並不是秀場」，首先要認清的事實是職場就

是個工作的地方，如果妳的重點不是工作，不是穩定自己的收入，那麼妳大可忽視這一條目。

既然還是有那種想要秀新衣的想法，那麼就要認真地去思考自己可能永遠都存不到錢這件事。也不是說妳固定了穿著之後就顯得寒酸了。要知道好的搭配應當都是耐看的，每個月有幾天允許自己放鬆，也能為自己營造仍然有新鮮感的欲望。

透過自己選擇的「制服」，還可以輕鬆區分上下班的氛圍，這也是一個非常重要的生活藝術呢！

遍觀男性上班族，除了一些工作有所需要的行業別會在衣服上特別變化之外，大部份的人平時就趨近於這樣的衣著方式，因此執行起來不會有太大的難度，這絕對是女性該向男性學習的地方。

為什麼在職場上多數的男性都顯得比較有投注力和專注力，這些鎖碎的環節正是一大因素。

男性不需多花時間來處理這些打扮的事，時間上就略勝一籌，但女性也不該為了工作而任由自己失去品味及美麗，多花一點時間調整「執行方式」是絕對必需。

買對時機點很重要

接下來要提到的是購買衣物的學問，很多人會說不要到百貨公司或是專櫃去買衣服，那邊的衣服多半單價高，最省錢的方式就是到大型批發商店購買，或者什麼便宜就穿什麼。

其實正好相反！大家還是可以到百貨公司或是專櫃購買衣服，但是最重要的時間點，如果平時能夠節制住，而固定在喜歡的地方選擇特價時候才下手購物的話，絕對不會比平時亂買還要花得多喔！

此外買衣也要適可而止，盡量選擇不具太過鮮明流行性的款式，免得流行指數一過，這些衣服就得全部打入冷宮。

鞋子也是一樣。當季推出的款式一定都比前一季貴上許多價錢，不過因為流行是漸進的，假如能夠在該季末才出手買的話就既能兼顧流行也可以省下很多錢。

週年慶是百貨公司賺錢的重要祭典，東西自然也比較便宜，但是千萬不要為了湊足滿額禮的點數而勉強花費，記住，這些都不是那麼迫切需求的。

包包多到可以擺路邊攤！？

女性對於包包的執迷程度經常讓人咋舌，有的人會省下一個月的薪水去買一個名牌包，然後事後再到處向人家借小錢，這是非常要不得的行為。

在這裏有一個想法的可以請大家思考。一個人的高貴究竟是由外在的裝扮體現出來、還是由他的談吐自然呈現？

如果今天有個人提了價格不斐的包包，但是他表現出來的種種行為舉止不僅沒有貴氣，而且還有些粗俗，那麼是這個包彰顯了這個人還是這個人貶低了這個包？

我時常在街頭看到這樣的女性，全身上下都是普通的衣物，但硬要提一個名牌包，這時別人並不會覺得你因為這個包包而高貴，反而會認為你的打扮整個不合宜。所以也經常有人說：為了一個名牌包，你的整個人都要變了！

只要你的氣質合宜，舉止大方，平價的東西也會因你的品味而出色，不要浪費金錢做一個名牌奴，更不要讓人家嘲笑你的氣質只存在一個包包！

unit 4 改造「家居」部門

這裏要說的不是教你如何租屋或者購屋，依然是要從日常
居家的一些可以避免浪費的習慣說起。

　　居家生活如果有好習慣，可能不知不覺存下不少意
外的金錢呢！

隨手關電源,不但省電、省錢、還能做環保

　　隨手關燈及關閉不用的電源就是一個很重要的習
慣。離開房間的時候記得隨手關掉沒有用到的電器，及
電燈，冷氣或暖氣，小小的動作可以幫助你在生活中做
到完整的節約金錢以及愛護地球。

筆者曾經在家中孩子還小的時候因為麻煩，而將家中小孩活動空間的電燈及冷氣經常性的開著，因為小孩的活動力是十分驚人，如果真的要隨著他的行動來開關電源的話真的十分麻煩，等於五分鐘就得開或關一次某個房間。

　　後來也是因為意識到節約的重要性，決定認真、不怕麻煩地去做這樣的動作，雖然開關頻繁，但是將當年的電費量和沒有節約的前一年相比，真的省下了約10～20%，十分可觀。

　　家中還有一些隱藏性的電源，如果處於待機狀態就還是會耗電，如果能夠將只是空待機著的電器用品關掉，無形中也可以省下一小筆金錢。

　　經常處於待機的電器很多，像是音響，甚至無線網路數據機、路由器等等，人不在家或是長時間不使用的時候就應該關掉，一方面省電，二方面也可以減少家中電磁波的危害。

　　保溫熱水壺也是耗電量極大的一種電器，應該充份利用它的功能。選擇比較安全可靠的廠牌，利用98、90、60度水溫的功能，平時使用60度調乳水溫既能喝到

熱騰騰又放心入口的熱水，也能擁有真正的省電效率。熱水壺如果以滾沸或90度的方式持續保溫，它必須不斷加熱，所以耗電量十分驚人，必須注意。

水費雖然便宜,但仍需好好珍惜

家用水也是需要注意的一個細節。大家常說省水、省水，但是除了那些少用水、省水洗衣機等很普通的省水方式之外，有沒有什麼是特別又有效的呢？

婆婆媽媽最常使用的方法是最簡單又初階的方法：洗米水用來澆花，洗菜水用來沖馬桶。洗米水中含有微量的維他命，用來澆花很有益處。至於洗菜水因為含有農藥，不適宜用來澆花，因此要二度利用的話只好用來沖馬桶。

有人說：我是單身、我是上班族，我不開伙，所以我沒有洗米水和洗菜水啊！那麼恭喜你，你浪費的家用水應當是比一個三人以上的家庭要少得多。但是不表示你就沒有可以節約或二次利用的水囉！

除濕機中的廢水就可以用來沖馬桶，或是沖洗一些要洗的器皿。冬季洗澡時在待瓦斯熱水時流的冷水可以

先用桶子儲存起來，用來做浴後的浴室清潔用水等等，剛才提到的洗衣機也是省水的關鍵。

現在許多洗衣機號稱具有省水的功能，但是因為效果無法印證，所以也只是徒慰心安而已，最根本的做法就是依據衣服的數量注入正確的水量。

有的人儘管只洗三四件衣服也照樣用滿滿的水位，非常不節約，在節能減碳的立場上，滿水位不僅消耗過多的水，也耗用較多的電力。

如果只是因為擔心洗不乾淨而非得要用滿水位，這也是有替代方案的。在將衣物丟進洗衣機讓機器自動幫你處理之前，簡單地將衣物先用洗衣皂刷洗一下，然後再放入洗衣機中，不僅可以減少洗衣劑的用量，也可以確保衣服乾淨，而不是僅只洗味道而已。

選購節能省電燈泡

賣場的燈泡選擇五花八門，每家都標榜自家的產品只有幾瓦特，壽命有多長，但是說到燈具，其實要比較的應該是發光效率、光衰、發散性等比較值，而不是耗電量、壽命、點滅次數等絕對值。

在這裡告訴大家一種發光效能極優的一種燈具，那就是T5省電燈管，它不僅結合傳統日光燈光管的高壽命、高發散性優點，更改善了燈管閃爍、不耐點滅等缺點，如果能再加上反光片那就更是如虎添翼了，所以如果家中的安裝空間許可，那就使用T5省電燈管吧。

在家中裝置省電燈炮已經是基本的節約概念了，有些人不曾考慮家中光源的問題，只用自己的喜好隨意裝設照明設備，結果燈泡耗電，更換不易，都是生活上可以避免的麻煩。

LED燈是現在很現潮流的照明選擇，但是在燈泡使用上，LED燈泡單價很高，如果家中有裝璜的人會發現，一間房間所有燈泡汰換下來竟然有五六個之多！所以非得要裝設LED燈泡的話可以說是所費不貲。T5的省電燈管、燈泡就是除LED燈外一種更佳的省電選擇，它的發光效能好，單價較親民，也容易買到，照明不用高檔，照得明亮、照得輕鬆就是最佳選擇。

冷氣與電風扇，涼爽省錢好拍檔！

台灣的夏天時候太過燥熱，要忍住完全不開冷氣確實很不簡單，但其實大家常說的省電撇步是很有效的，

像是將冷氣的溫度調為27度再輔以電扇，體感溫度就可以非常舒適。如果是晚上入睡非得開冷氣的話，28度再輔以電扇就是舒眠模式。

還有就是白天在開冷氣的時候，記得有窗戶的地方要以窗簾遮陽，沒有人走動的空間要關閉起來隔絕熱氣，以節省冷氣的發揮效能。

真正的財富

現代人就醫雖然有健保給付，除了診所之外，某些教學醫院及大醫院的掛號費還是高得令人不敢置信，這也難怪有人有「年老來要存一筆錢看病」的說法。既然就醫這麼花錢，最根本的方法就是「不要生病」！

這當然是一種理想境界，但是我認為人人都該以此為目標，畢竟生病、看醫生這些過程人人都遭遇過，身體受折磨之際連荷包也要大失血，任何人對於這種情形都是感到不愉快的。

只要多用一點心思，多運動、多在意一些健康資訊，相信病痛也就不會太常來找你，身體健康就是為自己的寫意人生做儲蓄，當然也是為自己守財囉！

unit 5　整頓「交通」部門

「交通」費也是一筆不小支出，不論開車也好、搭乘大眾
交通工具也好，總是能夠有更佳的選擇。

　　開車有開車方便，但總體算來卻還有汽車保險費、
牌照稅、油錢、停車費等問題，另外還有昂貴的保養維
修費。你省下的也許是時間，但付出的代價也不低喔！

選擇固定又便宜的交通工具

　　開車騎車的話不管是油錢、保養費都頗為龐大，如
果搭乘大眾運輸工具的話雖然可以省下油錢，但是捷運
或公車的組合有時候來來回回也不太划算，因此和辦公
室穿衣一樣，要將一些經常性既有行程以方便又便宜的
方式固定下來。

只要省卻了躊躇或是趕時間的麻煩，也會同樣的省下金錢。舉個例子來說：

　　王小姐平時都是搭乘捷運到公司，但是因為經常早上想要做的事情太多，想要悠閒打點衣著、享受早餐，結果反而延誤了時間，所以只好趕搭計程車上班……；李先生平時搭乘公車上班，但是因為前一晚總是熬夜，讓自己不小心睡過頭，所以也只能搭上計程車趕去上班……

　　不要以為這種情形畢竟少見，據調查台北竟然有不少這樣的族群呢！

　　如果要以在生活中省錢的前提來看的話，搭乘計程車上班是非常不應該的事，而搭捷運看似省錢，但有時候依路程來說，這隱性的零錢花費也是積少成多、數目驚人的。

不讓通勤費用額外增加！

　　最省錢的辦法自然還是搭乘公車，既能省卻在捷運站內走動的時間，費用也少得多。不過公車必須將等待的時間一併考慮進去，因此想要省錢，生活作息正常、

早一點起床是必要的事。就算不是搭乘公車，搭乘捷運或是自己開車，早一點起床做準備也是省錢的保險手法，這樣可以避免發生許多不必要的狀況，讓美好的早晨在自己的掌控中進行，也就不會有意外的花費。

這裏也就牽涉到前面衣著的方面，如果早晨能有好的規律，在衣著方面也不必太花時間，那麼就一定不會經常發生遲到而需要改變為較花錢的交通方式了。

想要省錢的朋友們一般是不建議開車上班，因為油錢的花費真的很高，但是也有一些人的狀況是非開不可，那麼在路線上就一定要充份規劃。

走得到的距離絕不開車

這邊順便要提到一種最糟糕的習慣，「就算在家附近繞一繞的距離也要開車」絕對是一種惡習。開車出門一定需要停車，如果不是停在免費停車的地點，這中間就牽涉到停車費的問題，何必多花這一筆費用呢？

有的人非常依賴車子，就算只是到轉角的便利商店、附近的洗衣店……等等也都一定要開車去。這種惡習是將錢快速花用在無形中的最佳實例，想要省錢的朋

友們一定要改正。在家附近的距離，改騎腳踏車，或者走走路更是有益健康，開車兜一圈的油錢也許足夠你吃上一兩餐！

不良的開車習慣,造無形金錢浪費

如果開車是你唯一的交通選擇，那在現在油價飆漲、在油源終有耗竭的前提下，管好自己的右腳，是你非練不可的一項功夫。

開車的行為如果要細究的話那真是五花八門，每一個人的習慣都不一樣。但是在這裏面，你的每一個習慣竟然也牽涉到省錢這個問題呢！

等紅燈等了九十幾秒，好不容易終於綠燈了，你是不是就這樣猛踩油門給它衝將出去呢？這可是很耗費汽油的喔！

根據專家表示，車子暫停等待紅燈，直到綠燈時別急著猛踩油門，記得油門要先放開，讓車子進行滑行大約三秒的時間再踩油門，這樣可以有效的節省汽油喔！在馬路上對於汽油最是計較的運匠大哥們表示，用這種方法來仔細開車，竟然一個月可以省下15%的油費。

是不是太神奇了呢！像這樣的開車小撇步是省錢一族要認真學習的生活學問喔！

混合交通方式也是一種絕招

有些地方光靠公車及捷運是到不了，開車的話因為停車及塞車問題又不太方便，那麼建議有規劃的人也可以進行混合交通的方式。

所謂混合交通的方式，就是公車轉捷運，或是捷運轉公車，更甚者還有像是台北市及新北市都推出的自行車租用服務，利用各種不同的交通工具讓自己的行程不浪費任何一分錢，長期下來也可以省出一筆額外的私房錢喔。

 小 叮 嚀

日常生活到處省下的小銅板，時間一久也可以累積成小私房錢喔。

unit 6 節省「娛樂」部門

如果你問一個年輕人，什麼地方讓他們覺得錢用得最快？
答案一定是娛樂費用。

　　如果一個人不看電影、不看電視、不參加活動、不
注意潮流、不在乎充實自己、不願意禮尚往來……，那
根本就是現代原始人了。既然娛樂是新一代人類的消費
大宗，那麼這個部門該要執行的任務就可能更加有舉足
輕重的意味了。

智慧型手機讓我們也不知不覺花很多

　　有一種開銷是現代人擁有的特殊消費，那就是網路
及手機通話費。自從智慧型手機攻佔市場之後，這種幾
乎擁有一切功能的小機器幾乎是人手一支，有的人甚至

離開它就無法生活。其實認真想一想，以前的人沒有手機，為什麼所有的事情依然能夠井井有條？這個世界為什麼依舊能夠順暢地運轉？

也許以前的人沒能享受這麼多方便新奇，但是因為技術條件的先天限制，反而讓人們能夠充份運用時間，妥善規劃，完整達成許多我們現在每天都依賴著網路才能夠辦到的事。而我們現在享受的便利，也讓我們在金錢上要多付出一些代價。

手機通訊費和3G網路通訊費佔了每個人每月的一部份支出。不過，你真的無時無刻都連上網路嗎？你真的需要利用手機才能夠說完所有你該溝通的事情嗎？這也是一種浪費。浪費金錢，也浪費時間。

目前國內通訊及網路費用有許多種費率方案，如果不是經常性在外奔波的人，一般上班族其實根本不必用到高費率的方案，可以將通話費及網路費用調整到最低的限度，然後再從中取得最大的便利性。

方案費用調低之後，建議每個人認真檢視自己的生活，如果你的手機通話費總是比別人高，那麼表示你的生活習慣可能不夠妥當。

譬如該交待的事總是沒辦法一次交待完、該表達的意思總是沒有辦法一次到位、該聯絡的事總是拖拖拉拉沒有辦法立刻解決、該辦到的事總是沒辦法盡快處理……以致於後續要在離開現場之後才能拉拉雜雜地一件一件想到。這都是做事無法正確又精簡的緣故。

　　我們可以觀察一些成功人士，他們使用手機及網路絕對不是依賴者或是沉迷者，智慧型手機及電腦網路只不過是一種工具而已，他們能將利用這件工具做其它更值得投入時間的事，而不是一直在花時間與工具相處。

　　根本的觀念能夠改正，你就會發現你不需要一天到晚使用網路，更不需要一天到晚拿起手機講著電話。

評估購書費用

　　常常有老一輩的人在感嘆：現代的孩子年輕人都不愛看書嗎？

　　其實現代年輕人當然也愛看書，只不過資訊的來源太過多樣化，所以相形之下閱讀紙本書籍的時間就變少了，但是有一個有趣的現象倒是不容忽視，那就是這些年輕人一旦要購書的時候比起前一個世代更加毫不手

軟，不論什麼類型的書籍都願意不眨眼的買下，只為了收藏或者喜歡。

買書閱讀是一件好事，從而還可以刺激日益沒落的出版業，但是對於想要在生活中省錢的人來說，買書絕不能是這樣毫不可慮的入手。

尤其有一些書像是電影電視小說、偶像追星這類的書都是很快被汰換的類型。正配合著媒體推出一起強力促銷時價格一定不低，這種書本就不建議入手。

特別是它會跟隨著熱潮，一旦熱潮過去，這些書即被放在牆角，再也不會有機會拿起來翻看了。這就是一種盲目的消費。

想要享受閱讀的樂趣有許多方法，譬如圖書館配合著網路建置功能，可以預約也可以續借，相當方便，借閱得到的樂趣並不會比買回家的擁有感還要低。

如果不是急著看的書，也可以在網路書店中比價看看再決定是否購買，網路書店一般都有現金回饋或者贈送點數，不急著看的書一起購買絕對比在書店同時購入還要省錢。

減少不必要的交際應酬

上班族不可缺少的就是交際應酬種種場合了，但是為什麼有的人沒做大生意，也不是在公關或業務單位，整天都在外面進行所謂的交際應酬呢？他真的需要這些應酬嗎？

在職場多年的經驗，我們可以觀察到種種特定的人物類型，有的人看似人緣極好，一天到晚與朋友出去吃飯，也常常顯得週圍很熱鬧，但是這種人實際上能夠交心的朋友卻不多。為什麼呢？

因為這類型的人只是因為不甘寂寞，因此只要哪裏有熱鬧的聚會，一邀約就會參加，一參加之後就會有後續的消費行為，包括餐費、車費、禮物……，也許還有「續攤」費，這些費用都是非常可觀的。

因此如果很不巧的，你正是這種人，那麼奉勸你最好重新調整自己的生活態度，長此以往下去，不僅錢存不了、無法省錢，真正值得交友的人物也會離你而去。

那麼接下來的三五年，你就得永遠過著這樣處處應酬，卻找不到人好好談話的生活了。

「不甘寂寞」就是有些人無法存錢的大忌。有許多事並不需要都去踩一腳，熱鬧歡騰過後又是一場空白的自省，收回的那一腳讓你省下了時間和金錢。

真的有刷卡現金回饋這回事嗎？

信用卡公司為了要吸引消費者進行消費，都能想出各種奇招，最常見的就是刷卡現金回饋，不明究理的人，會因為看到有些許的回收，而誤以為這是在做一件對自己很划算的事。

然而如果你有機會的話一定要仔細計算一次，為了要用刷卡現金回饋這項優惠，而花了許多的錢得到的現金回饋根本是微不足道，所以大家總說信用卡是儲蓄殺手真是一點也不為過。

聰明的消費者，絕對不可以相信發卡銀行所推行的「現金回餽」及「紅利點數」，這兩項活動。當你仔細一推算，你可以換到的現金回饋，和點數兌換的禮品，相對於你花費的價值是完全不能成正比的，只是徒增浪費白花花的新台幣，最理想的辦法使用信用卡方法，還是前面提過的，控管自己只買需要的東西，永遠絕不為小利而浪費金錢。

別被出國旅遊很便宜的假象騙了

現在航空業界吹起了一股廉價航空的熱潮,使得許多人都有錯覺:出國玩非常便宜。

或許有些朋友認真精算過,現今航空公司縮減了機上的服務及餐點以調降機票價格,但是機票本身的稅金並沒有調降。

再說,出國玩所花費的部份並不只有機票錢而已,還有國外的住宿費、餐食費、門票費、交通費,更重要的是還有在當地忍不住買的一些紀念品等週邊費用。

如果因為機票便宜而經常性的出國,在這些週邊花費上是無形地增加,這就是「多玩多花錢」的道理。

廉價機票只是引誘人們出國再來進行消費,這些都是利用人們貪小便宜的心態,如果能夠將遊玩也認真地納入規劃,而不是為了玩而玩,那麼你就不會在這一方面不知不覺地流失掉原本可以好好儲蓄的錢。

unit 7　更新 「生涯規劃」部門

及早做出「生涯規劃」也是在為你的人生儲蓄一筆資金。

這裏說的資金未必是看不到的資產，即便是看得到的金錢也可以經由你的及早理解生涯計劃而浮現出來。

倒吃甘蔗才是美好滋味

年輕人不肯吃苦，找工作的時候只想找「錢多、事少、離家近」的工作，無形中就將你人生中最初的挑戰階段浪費在無意義的安逸享樂之上。

如果眼光不放遠一些，看看自己的未來能有什麼轉彎的機會，一條路很容易就會走死，當一條路走死的時

候你拿什麼籌碼來改變？如果你初入職場就以踏實的態度學習，養成生活上所有節約的好習慣，那麼你在進行未來的夢想執行時一定也能按部就班——這裏強調的依然是習慣的重要性——最終嘗到美好的甘甜滋味。

金錢就如同一個雪球。在它還小的時候你將它隨意的扔擲，它可能會四散碎裂，但是如果你能順著軌道，依著看好的道路前進，它就能越滾越大，並且不至於偏離太多。

築夢仍須踏實，堅持很重要

要在節約的狀況下努力描繪夢想的藍圖或許並不容易，但是如果你能認真檢視自己，你的夢想就不會是模糊的圖像，而會是非常具有精確性的標的。

有了實實在在的目標，努力堅持下去很重要，你的節約省錢計劃都是為了這個目標而執行，兩年三年或許看不到效果。

但是到了有一天或許時機成熟，你想創業、你想改變、你想投資更美好的自己，你有錢，或者說你沒有太多後顧之憂，這時你離夢想的距離就比別人要短。

　　有些人三兩年看不到成果，又因為小錢而綁手綁腳，在這種情形之下很快就會對現實屈服，不僅花錢的習慣會越演越烈，缺錢的匱乏感更會加重。你的夢想呢？只能跟它說聲拜拜～

培養興趣不一定要用金錢

　　我們經常鼓勵孩子要培養才藝或興趣，但是對於一些成年人我們卻忘了提醒他們這一點。

　　嗜好是非常重要的，它能讓你在低潮的時刻，不需要花費金錢購買東西或吃大餐，就能當做紓壓工具，它也能讓你在一成不變的生活中肯定自己。

　　許多人過著庸庸碌碌的生活，不曾細想有一天如果自己失去了現有的條件，有沒有哪件事仍是你可以娛樂自己的？

　　因此嗜好不該是奢侈的，越簡單的嗜好樂趣越能讓你容易得到自我肯定。你不能說騎重型機車是我的興趣、收集高價公仔是我的興趣，這些興趣雖然很炫目，但是一旦你沒有了現在的經濟條件，它還有辦法是你的興趣嗎？

好的興趣，諸如運動跑步、種花拾草、閱讀寫作、手作改造……都能打發掉許多陰霾的人生時刻，更可以不論高潮起伏而持續一輩子，不需要太多金錢就能買到充實的快樂。

用愛與行動,代替物質的交流

有時候為了促成別人對我們的好感，我們傾向以物質來達到目的，譬如疏離的親子關係，卻以為送一些奢侈的禮物給老父老母就能彌補；夫妻之間缺乏溝通，卻用送東西來遮掩心中的愧疚……。

其實有一種心意是再多的錢也比不上的。親自為另一半做一份早餐、打一通電話真心的問候父母、對朋友給予適時的鼓勵、誠心的謝謝……。

這些豈是需要多花費你一分錢的？和昂貴的禮品比起來，你的付出充滿了溫度，足以讓人暖一個寒冬。

更甚者，投入環保或是慈善計劃，以實際行動去體驗助人的樂趣，在這些過程中，你會發現付出「愛」比付出「錢」還要容易大方，而且得到的收穫能成為下一次付出的能量，越來越豐盈，不像金錢越來越匱乏呀！

　　綜合以上篇章，「習慣」仍舊是你是否能夠省錢的最大關鍵。比起一起讓自己動彈不得的小氣節約法，最要緊的還是從根本的生活習慣去改變。

　　如果你發現自己處於管理金錢、省錢節約的弱勢處境，不要憂心，這反而正是改變人生的契機。有人說：「條件越不利，修正的幅度就越大，得到得成果就越精人」。

　　這是有道理的。如果你正好為省錢一事而弄得一團混亂、不知該如何著手，那麼只要一旦認真去執行，就會比別人更容易看得到成果。

　　將管理自己當成是一個事業，用一定可以做到的方式看待自己的生活，不僅從管理金錢中得到掌控人生的成就感，也能得到許多轉彎思考的小智慧。

　　做好準備了嗎？

　　你這位CEO已經下達命令，所有的部門一起動起來吧！

MEMO

Part*6*

有錢人是這樣致富

不投資自己不熟悉的產業，別
任意揮霍得來不易的金錢。

unit 1 窮人的覺醒

巴比倫的富裕程度是許多人為之稱道的亮眼表現，但即使身在其中，窮苦現象仍普遍發生。

在六千年前的古都巴比倫是富裕豐饒的古都大城，卻仍有許多窮苦村民過著不甚充裕的生活品質，日日為了生計叫苦連天，絕大多數的市井小民都過著貧苦日子，就連工匠班茲爾也不例外。

怨嘆貧苦一生

班茲爾在這座悠悠古城擔任一名名不見經傳的小工匠，鎮日以建造戰車為營。但即使他手中握有一技之長，但仍整天鬱鬱寡歡，原來，他那微薄工費，早已應付不了家中日漸俱增的生活開銷，而老婆又總是有意無

意的以眼神責備他，責怪他身為一家之主卻不曉得為自己的家而擔憂。

說老實話，他哪是不怕擔憂呢？只是從事這樣乏味工作，靠著別人零星委託工作的他，能有多少選擇能夠提升生活品質？

看著家中斑駁的土牆與妻子瘦弱的面容，忍不住輕嘆了一口氣，難道自己的一生就這麼過去了嗎？

諷刺的是，在此處，破舊的房屋緊鄰在宮殿一旁，更顯得寒酸無比。在這裡，唯有富人出城時，窮苦人家會盡快讓出一條寬裕的路，這些有錢人家，卻十分吝嗇為窮人家清空。

這無形的階層早已深深烙印在每戶人家當中，不足為奇，雖然住在宮殿旁，卻從未享有那般奢華的生活待遇，讓班茲爾更加怨嘆命運的捉弄。

即使面對這樣困頓的生活，班茲爾仍有一名要好的朋友—卡比，兩人之間的友誼，滋潤了這樣乾涸的人生。與工匠不同，在城裡擔任樂手的卡比，為人和善且圓滑，有許多名門顯耀偶爾在宴會上都會邀請他來演奏

一曲動人樂章，沒想到，他今日一上門，卡比一開口就是商借一筆小錢周轉。

「我最摯愛的朋友呀！讓我赴宴吧！你知道我的樂曲可是大受好評，今日我想參加一場盛宴但需要兩塊錢，你可以借我赴宴嗎？」聽到朋友的請求，班茲爾嘆了一口氣，搖了搖頭。「連我自己的家都快顧不好了，哪裡有多餘的錢財能夠借給你呢？」

垂頭喪氣的擺了擺手，樂觀的卡比大吃一驚，他最要好的朋友怎麼會連這一點小錢都沒有辦法贊助朋友了呢？難不成他遭逢什麼不幸？「你的戰車呢？你的好手藝呢？不要浪費你一身的工夫，你應該要好好振作，現在立即，想辦法將戰車售出，這樣你就能獲得一筆錢財呀！」就連一向開朗樂觀的卡比都忍不住為好友擔憂起來，這樣下去該怎麼辦呢？在這個不幹活就吃不飽的國度當中，班茲爾的灰心喪意可是會害到自己的。

黃粱一夢

經過好友一番勸導，班茲爾總算願意將自己這陣委靡的真正原由娓娓道來，原來他做了一場美夢，在夢中，他居然貨真價實成為一名人人稱羨的富豪，只要他

166

願意，在夢裡，他是多麼的快活呀！沒想到一覺醒來，自己仍與妻子睡在乾稻草堆上頭。

「你知道這樣的巨大落差讓我多麼悵然失措嗎？如果這純粹只是一場夢境，不可能成真，但是我的朋友，為什麼從小到大負責教育我們的祭司和其他富人，依舊過著如此奢華的生活，而你跟我，看看你，就連要赴宴都要與我商借那薄薄的兩塊錢，可悲的是，我卻那兩塊錢都沒有餘裕，如果要多少有多少，能夠盡情過著自己想要的生活多麼好呀！」

「無論你和我，多麼拼死拼活工作還是無法為自己累積財富，只能被日復一日的經濟重擔推著走，這樣的生活有什麼意思呢？」

班茲爾痛苦的說著這些年他所經歷的一切，也是普遍巴比倫窮人的痛苦感想，過去的他迫於生計，沒有思考到這樣持續貧窮的悲哀，如今一想到自己的兒子很有可能重複這樣困頓的一生便打從心底的哀傷起來。

聽到班茲爾這番發自內心的談話，這下連卡比都忍不住被班茲爾打動，思考起自己艱難的處境了，他仔細想想，雖然他能以樂手身分周遊在達觀貴人，卻連自己

想要買把更精湛的琴都有所困難，只能眼看自己越來越殘破的琴弦，畏懼新一代的樂手將他取代，他多麼想要拉出一首讓人聞之動容的好樂曲啊！

　　兩個認清現實的年輕人，頓時感到被現實壓迫的痛苦，不僅是生計上的困難，更是夢想被壓抑的苦惱，有誰不想要照顧好家人，同時達到事業上卓越的成就呢？

　　這樣的疑問，興起了兩人改變現狀的強烈信念，他們不知道，這一股念頭將促使他們踏上學習理財的道路，從此改變了他們窮困一生。

人生的逆轉勝

　　「你想想，在各地奔波多年的你，一定認識幾位善於理財的大富翁，你沒有辦法讓他們教導我們如何致富嗎？」這個問題讓卡比頓時陷入了思索，會有這樣有錢又好心的富翁嗎？眼看卡比就要搖頭說沒有。

　　班茲爾不懈的勸他努力想想，喚醒深層記憶。的確，卡比認識了不少事業有成、富可敵國的有錢人家，但是這其中，又有哪一位的本事和誠懇態度最讓人佩服呢？

忽然之間，他想到了那位有名的阿科德！根據他周遊交際得知，阿科德不僅晉身全巴比倫最富有的富翁，更將一身理財好功夫傳承給兒子馬希爾，而他也承襲了父親亮眼的經商表現，不一會功夫便在另一座城市發跡起來。

由此可見，理財真的是可以藉由教導而學會的呀！

阿科德的富裕家喻戶曉，無人不知道他富可敵國的有錢程度，而熱心友善的他也樂於向世人教導他獨一無二的理財之道，除了他以外還有誰是更好的人選呢？

聽到卡比提出的消息，興奮的兩人決定動身請教阿科德白手起家的秘密，期待叩下成為有錢人的第一塊磚，他們終將發現，行動就是改變一切的契機！

 ─小 叮 嚀─

是否經常花了多餘的錢？用記帳的方式可檢視出原本不應該出現的花費。

unit 2 遇見富翁阿科德

巴比倫首富阿科德以畢生精力追索致富人生的秘密，探索快樂根本之道，逆轉悲苦人生。

巴比倫第一富豪——阿科德早已對眾人所提出「如何變成有錢人」這項的問題做了無數次的解答。為了讓大家更了解，阿科德提出另一個問題希望大家反思，「請問，大家辛苦了一輩子，卻沒有得到應有的生活品質，這是為什麼呢？」

快樂的根本之道

他認為，一個人假使終身忙忙碌碌卻一無所獲，意味著他並沒有掌握到理財之道。至於天性吝嗇，死守金錢財富卻未曾享受人生的樂趣，阿科德也認為這不是正

確的致富方法。他相信，唯有當智慧與財富相互截長補短，才能創造一個富足的人生價值，許多村民對他所提倡的真理深信不疑，卻感到不夠滿足，紛紛央求阿科德透露更多故事，讓他們一窺一位富翁的一生如何養成。

聽到了眾人的請求，阿科德清清嗓子開口，「我年輕時候，花了許多時間探索，什麼才是快樂的根本之道，好奇貧窮人家與富有之人面對人生有什麼不同，最後我發現，財富雖然不是命運主宰，卻讓人更有機會選擇自己的人生，學著享受和滿足心中所需，有了財富之後，才能為生活增添更多樂趣。」

當阿科德意識到財富的重要性後，他決定主動出擊，努力以一生時間學習理財致富。

可是，眾所皆知的是，阿科德的父親，不過是一名沒沒無聞的小商人，底下更有一大群兄弟等著平分家中遺產，阿科德憑什麼在兄弟之間脫穎而出呢？

原來他謹慎評出自己身上的籌碼，知道自己既沒有過人天分，也沒有出色才華，但是，他有的卻是其他人無可比擬的耐心。當他決心以理財改變人生結局的那一刻起，他的人生結局就此不同。

以時間累積財富人生

在談起自己的人生故事前，阿科德慈藹的凝視著眾人眼睛，「你們當中有多少人平白浪費上天賜給你們的禮物呢？」

對他而言，唯有時間在眾人之前人人平等，更意味著有無限機會在眼前開展。接著，阿科德伸出兩根手指頭，在他心中知識可分為兩類，一是立即性的獲取，二是經由漫漫時間累積而成，他的財富之道便屬於後者。

阿科德回想起年少時，他不過是一名辛苦的刻泥版工匠，辛辛苦苦刻上一整天泥版，卻賺不了多少錢，繼續過著吃緊的經濟條件。

直到有一天，開設錢莊的阿塔希來到村裡，希望他能在兩天內順利抄寫法令，但是，就算阿科德拼了命的挪出時間工作，還是沒有辦法在期限內完成工作，阿塔希氣得眼看就要痛打他一頓。

然而，但阿塔希平息怒氣之後，他忍不住向他提出請求「親愛的阿塔希，若您願意教導我理財的方法，我願意無償為您完成這項工作」。

聽到阿科德所提出的條件後，阿塔希考慮了一陣子，最後摸著下巴答應這項請求，唯一的條件是法令必須在天亮破曉前雕刻完工。

「你們要清楚知道，幸運女神並不會眷顧每一個人，眼前阿塔希願意讓我擁有學習的機會就是幸運女神的眷顧」，為了讓阿塔希對自己的作品感到滿意，阿科德不眠不休的連夜趕工，最後終於看見阿塔希滿意的微笑，阿科德知道，他以自己的努力向成功更加靠攏。

但是，阿塔希所傳受的理財方法卻簡單得令人難以置信，「從今天起，無論你的收入多麼微不足道，都要盡力存下部分錢財。」「就這樣嗎？」阿科德不敢相信的反問，在阿塔希的堅持之下，阿科德開始規劃每一天的收入來源，藉由強迫儲蓄，克制心中慾望，這一股存錢的動力，有如一顆種子一般，在他心中扎根，阿科德意外的發現，這一點小錢並沒有為他的生活帶來痛苦感覺，反而讓他更加期待這棵財富大樹的長成。

輕易聽信他人，血本無歸

整整一年過去，阿科德每日都遵循著阿塔希給他的意見，勤勞的工作並存下部分財富。一年過後，阿塔希

再次邂逅阿科德，見面第一句話便詢問他自從學會存錢後有什麼樣的打算？

聽到這個問題，阿科德得意的挺起胸回答：「我遇到了一名在海上工作的造磚匠，時常在各國旅行的他跟我提議，只要我願意投資，當他發現稀罕的金銀珠寶時就會進行採購，利潤我們倆人平分，這個投資主意不錯吧？」聽到阿科德天真的計畫，阿塔希非但沒有為他感到高興，反而忍不住氣得直跳腳。

「你這個傻瓜，怎麼能奢望一個造磚匠對珠寶經商有多獨到的見解呢？你應該要找尋真正的專家，為你的財富效勞才對呀！」果不其然，當造磚匠離開這座城市後，連帶的阿科德的積蓄也不翼而飛，壓根兒沒有投資珠寶這件事發生。

「年輕人，一時的失敗並不意味永遠失敗，你要知道，成功是走過所有失敗的道路，最後只剩下一條通往成功的祕徑，你的未來日子還很漫長，希望下次見到你你能有所改進。」

留下這番建議後，阿塔希告別了阿科德，這一次他叮嚀阿科德學術有專攻，若他想要仰賴他人為自己工作

的話，一定要找該行的佼佼者為自己付出心力，經過這次教訓後，阿科德再也不聽信謠言，而是一一拜訪自己有興趣的產業，並將錢借給城裡最優秀的盾匠拿去買材料，而他每四個月必須按時支付阿科德利息。

這一次，阿科德總算享受到不用辛苦勞動也有額外收入的喜悅後，又經過幾年時光，當再次邂逅阿塔希，阿科德得意的向他表示目前小康現況。然而，阿塔希卻追問：「你是否有善用每一分利息呢？」

「有呀！多虧有了這筆額外的收入，我吃了許多豐富的料理呢！你瞧，我身上所穿的袍子質料可是數一數二的奢華！」

聽到這些話語，阿塔希失望的搖搖頭轉身就要離去，「你自己想想，這樣奢侈的花費對你有沒有幫助吧」，看著阿塔希年邁而失落的背影離去，阿科德再一次深深的反省自己所栽下的惡果，是什麼樣錯誤的想法導致他的人生導師失望的棄他而去……。

unit 3　致富關鍵所在

巴比倫首富阿科德以畢生精力追索致富人生的秘密，探索快樂根本之道，逆轉悲苦人生。

　　自從目送著阿塔希的離開，阿科德深深反省過去所累積的錯誤概念，決心屏除一切奢侈浪費的行徑，在不知不覺當中，他逐年累積比過去更豐厚的財產，再也沒有人敢輕視阿科德。

跨越人生的障礙

　　再一次見到阿塔希已經是若干年後，阿塔希看起來比起以前更為衰老，身體狀況大如不前，這一次，他看見了阿科德的轉變，深受感動，誠摯的邀請阿科德成為一名可靠的夥伴，「我在這世上沒有太多時間了，可惜

我那兒子不擅長理財經營，眼看只有你能承襲我多年來的經驗了，看到你的改變後，我由衷希望你能為我工作，共同管理錢莊。」

由於阿科德過去深受阿塔希幫忙，自然沒有理由拒絕這項差事，稱職為阿塔希幫忙經營錢莊，傑出的管理表現，甚至為阿塔希累積比從前更多的財富，阿塔希死後，阿科德由於法令記載，繼承了一部分豐厚財產。

當時，有人開玩笑的向阿科德表示羨慕之情：「唉呀，我多麼羨慕你呀！不僅得到阿塔希致富真傳，更繼承了他的財產！多麼幸運呀！」。

聽到民眾欽羨的話語，阿科德搖搖頭表示不贊同，「事情往往不是我們想像中的如此簡單，如果當初我沒有勇氣向阿塔希請教理財的學問，我今日也不會有一番成績。」

正因為當初自己勇敢無懼的接受阿塔希的考驗，才能以加倍努力與耐心，見證累積財富的可能性，阿科德將成功歸功於決心。只是就連阿科德自己也不知道的是，當年阿塔希在遇見了一位刻苦年輕人，懷抱著滿腹理想卻處處碰壁，他才願意傳受自己畢生理財絕活。

固定儲蓄永遠是致富第一步

面對阿科德謙遜又充滿自信的說詞，許多人卻不以為然地表示：「您說得沒錯，成功的第一步的確相當重要，只是這世界哪有這麼多機會能夠讓我們成為有錢人呢？」

面對眾人氣餒的問話，阿科德要他們遵循阿塔希所說的一樣，每天務必將要一部分收入存下來，此外，阿科德更以自己多年的經驗，精準的發現，甚至就連開銷的一部分也要預先存下，才能更加快速累積財富。然而，即使阿科德用盡心力向大家傳授理財之道，依舊只有少數人將他的告誡聽進耳裡。

隨著阿科德的財富與名聲水漲船高，然而，被譽為世界首富之都的巴比倫卻因薩貢王君王打擊外來敵人時，遭逢國庫短缺的緊急狀況，許多民生公共建築因而停擺，正當薩貢王陷入困境時，一旁的大臣從旁提益君王不妨求助於城裡富翁，借重他們理財有道的經驗法則，教導人民如何在這非常時刻當中尋得一線生機。

此時的阿科德已高齡七十餘歲，但當他耳聞薩貢王希望他向巴比倫人民傾囊相授時，他二話不說，擔負起

這項重責大任，決定用短短七日時間向前來求取學問的學員，教授他多年來實踐財富的真諦。

當君王知道阿科德的決定時，不禁開懷的撫著膝蓋，爽朗笑道「真是太好了，相信自從有了你的幫忙，我的子民們再也不用飽受貧窮之苦了！」。

想盡辦法充實錢囊

遵循薩貢王的旨意，由阿科德領銜開設的學習理財班熱熱鬧鬧，在講學堂中順利開講，當年老健康的阿卡德站上台上，台下的學員一陣竊竊私語，原來大夥不敢相信，眼前看似和他們沒有太大差異的老人家，居然就是巴比倫傳聞中最富有的富翁。

阿科德凝視著台下聽眾開口，「首先，我相信大家心中都有一個疑問，為什麼今天是我站在台上教導大家如何理財，而你們卻不是有錢人，從今天開始，我要傳授自己的理財經驗的第一步—想盡方法讓錢囊渾圓飽滿起來。」

台下的民眾收起剛剛竊竊私語的聲音，用心的聽阿科德所講的每一句話，此時阿科德開始一一詢問眾人的

職業。「我親愛的朋友，請問你靠什麼手藝養活自己呢？」被阿科德點名的男子回答「我是一名抄寫員，每天只靠著抄寫泥版賺取微薄收入」，聽到和自己年輕時從事相同的工作，阿科德感同身受的點點頭。

「我相信，在場的各位都是靠著辛苦的勞力，努力換取微薄薪資，是吧？」阿科德這番談話引起在場民眾熱烈的共鳴。大家開始相互抱怨自己雖然工作時間長口袋卻依舊平扁。

「可是，親愛的阿科德，無論我工作的再怎麼辛苦，還是一貧如洗啊！」一名以宰殺羊肉維生的屠夫垂頭喪氣的表示意見，原來他不僅付出勞力，更將宰殺後的羊肉和羊皮分別兜售給需要的人們，生活條件卻依舊吃緊。

「別喪氣，我的朋友啊！你的多方經營的能耐，即使當年的我也望塵莫及。事實上這世上各種行業都能使自己成功致富，但是能使錢囊內存有多少錢那就看各家本領了。」眾人聽到阿科德的發言後贊同的紛紛點頭。

「接下來，我想請問眼前這位販售雞蛋的商人，如果每天清晨，你固定在存有十顆雞蛋的籃子中只挑出九

顆出來，那麼日積月累會發生什麼狀況呢？」雞蛋商想了一會回答「那麼我的籃子就會滿出來！」阿科德滿意的點頭。

「沒錯，就像方才雞蛋商所說的一樣，如果想要讓自己的錢囊飽滿，第一步要做的在籃子中保留雞蛋，在你的錢囊中每天保有一份收入不隨意支出，終有一天，你將逐漸富有」

阿科德以簡單的事件為例，看見大家熱情反應後，阿科德接著語重心長的表示：「不過若單憑各位的薪資收入，欲望卻像無底洞一般，沒有被滿足的一天，那麼富有，將離你們越來越遠」。

小 叮 嚀

無盡的物質欲望，是扼殺富有的可怕魔鬼。

unit 4 擁有致富五大秘訣

教導孩子如何釣魚，遠比釣魚給小孩吃來的有意義。

巴比倫最受推崇的富翁莫過於阿科德，他甚至親自教授人民如何成功致富。人們也從他教導孩子的方法中得知阿科德對於傳授財富秘訣的態度。

讓孩子學會獨力處理金錢

就當眾人都順理成章的認為，孩子承襲父親的職業與財產是在自然不過的事，阿科德卻不這麼想，他知道將兒子留在身邊，反而讓他失去了與外界接軌的機會，壯大他的膽量與勇氣。

阿科德給小孩的致富五秘訣

因此當兒子正值成年，阿科德將兒子諾瑪輕聲喚來，交待他人生哲理「你應該相當明白，身為父親的我很希望你能步入成功之路，因此我必需讓你養成足夠的膽量與智慧，我才能放心將事業交管給你，你必需到外面世界闖蕩，我希望你能明白為人父的用心」

諾瑪一聽到父親的囑託，立即回覆道：「父親，我知道你對我的期許，而我也想要憑靠著自己的力量到外地闖一闖！」

聽到兒子這般有骨氣的回話，阿科德滿意的點點頭，但為了兒子充滿未知的未來著想，阿科德謹慎的交給兒子一袋黃金與一塊斑駁泥板，並再三囑咐要時時複習泥板上的五點致富秘訣：

第一、必需存下收入十分之一以上的積蓄，審慎用在自己與所愛的家人身上，你將發現財富累積的速度將越來越快速。

第二、懂得善加利用金錢賺取適當獲利的人，金錢將賣力的主動為你賺取更多錢財。

第三、謹慎守護你的每一分錢財。

第四、小心不投資自己不熟悉的產業，別任意揮霍得來不易的金錢。

第五、凡事貪圖利益而誤信騙子，只能怪自己不夠謹慎讓錢財從身上溜走。

誤信損友，損失獲利

諾瑪點頭示意後，急忙匆匆上路，只想趕緊體驗全然不同的人生，但他卻沒想到這一趟遠行卻帶給他人生巨變同時帶給他最珍貴的財富與經驗。

出了城外，諾瑪想了一會，決定到新城市尼根碰碰運氣，畢竟新城市新氣象，想必在此處一定能遭逢許多機運！為了順利抵達新城市尼根，諾瑪夥同其他夥伴，加入了一支駱駝商旅，認識了兩位好朋友。

一日，兩位好友不懷好意的向諾瑪搭話：「嘿！諾瑪，我聽說尼根有一名商人想要找人跟他一起賽馬，若贏了就有大筆獎金，你有興趣參加嗎？」諾瑪聽見這個難得的好機會連忙點頭答應，沒想到，在兩位好朋友的

相繼慫恿之下，為了這場賽馬諾瑪先後付出了大筆黃金，才知道原來沒有什麼富翁！這三個人夥同富翁都是高深的騙子，騙走了他人生第一筆繼承而來的財富。

沒想到噩運卻沒有從此停止，正當諾瑪留在駱駝商旅中賣命做事好賺取微薄金錢時，一名年輕人悄悄告訴他，尼根城內有一名商人想要頂讓商店，只要出少許錢就能得到大批貨物與客源，諾瑪心動的付出他所剩無幾的黃金。

沒想到卻毫無回音，他才恍然知道自己又上了一次當。有了先前兩次的挫敗，諾瑪現在可以說是一貧如洗，但他始終沒有放棄希望，拿出父親承襲給他的泥板再三觀望，希望能從中獲得父親的忠告，此時他才徹底明白，自己打從一開始便沒有把父親的忠告聽進耳裡，因貪婪而讓黃金從錢囊中離開自己身邊。

諾瑪比起從前更加勤奮工作，立志賺回當初父親交給他的一大筆黃金，其中一位共同工作朋友雖然先前並不熟識諾瑪，卻一直都在觀察這個年輕人，肯做事又勤奮一定是個值得信任的人才「想必你已經存了很多錢了吧？」朋友爽朗的開口詢問，諾瑪卻搖搖頭，神情黯淡悲傷。

「這樣吧，如果你信的過我的話，我願意提供你一個投資的好點子，正好尼根城牆需要全面換新，到時候銅材價格必定飆漲，如果我們能搶得先機，先將銅材買下，到時候我們就能從中賺取利潤，怎麼樣，你想一起加入這個行業嗎？」

諾瑪想了想，朋友是一名熟知建築工法的工人，加上自己長久以來也投入工程當中，瞭解他說的話句句屬實，他才真正體悟到，當初父親所交待的必需真正瞭解該行業才能進行投資，而非抱持著貪婪的心態。

最後諾瑪成功的賺回了父親當初交給他的黃金，更建立了身為商人應有的能力與自信，他深刻的明白，父親交付他的並非只有黃金，而是長遠的耐心與能耐。

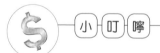 小 叮 嚀

若常常催眠告訴自己人生就是要「及時行樂」，那麼距離財富只是越來越遙遠。

unit 5 擺脫窮忙、 邁向財富自由

阿科德教導學員，放眼將來，提早為未來的人生未雨綢繆，以行動逆轉人生遺憾！

放手投資

「我今天要來教導各位，在勤奮工作存下金幣時，不要忘記享受人生的真諦」聽到這番宣言台下交談聲此起彼落。「請大家安靜，我所說的不是無意義的花費錢財，而是撥出一筆金額投資未來，如此一來，各位在不久的將來便能自在享受生活品質。」

阿科德更進一步解釋，若能在先前存下十分之一的額度中，還能再從十分之九當中，挪用一部份進行長遠的投資，那麼不僅意味著意志力高強，財富增長的空間

更是十分驚人，他非常鼓勵除了儲蓄外，學員們更要為將來進行投資。

有土斯有財

阿科德進一步勾勒出無限美好的未來願景，「我希望你們每個人都能為自己置產，美好的房屋和一片土地不僅意味著生活有所依靠外，更能為後代子女有個穩固的保障」

「再說，哪個男人不希望舒服躺在家中，讓妻子服侍呢？」學員們聽到阿科德所說的話後，每一個人無不贊同的點點頭，開始做起買屋的美夢。

「可是……我們連飯都吃不飽了，哪裡買的起房子？」一名學員苦皺著眉頭，對他而言，買房買地就像遙不可及的夢想，一輩子也無法抵達。

「房子具有可觀的升值空間，其中利潤差額將成為保障，若你們短期用不到屋子，還可以出租給其他需要的人收取租金，更何況英勇的薩貢王這些年來一直致力於擴張國土，只要你們看準了時機，不怕買不到房，就怕沒有把本金準備好！」

學員們聚精會神聽著，阿科德所傳授的他們不僅僅理財觀念，更教導了他們如何在生命中找到出口，在這堂課中，每個人心中都有了一個確實的夢想，心滿意足且平靜的結束這門課。

當課程來到了尾聲，學員們露出了依依不捨的神情，他們多希望這堂理財課就這麼永無止境的進行下去，直到見證了他們的成功為止。但是，經由阿科德的教導，他們知道唯有行動才能逆轉一切！

「這些日子以來，我已經將畢生對於理財的訣竅傳授給各位，最後我想跟各位重倡，唯有對財富抱持著強烈渴望與希望的人們才有可能突破現狀」

「我知道，光憑各位目前僅有的收入，難以進行任何投資，但是一個人若能持續增進自己在工作上的技能，增加收入將不再是一件困難的事，相反的如果貪圖安逸，不積極進取，不但，甚至還有被淘汰的可能性！」

「我敢擔保，如果你們依照我所言的話去進行，巴比倫的財富一定能夠湧進各位的錢囊當中！」聽到阿科德如此激勵人心的話，提高了大夥士氣。

打造新閱讀饗宴！
致富絕學，投資新法，盡在茉莉！

股市基本分析

《選對股票，
輕鬆賺主波段》
定價：250元

《看懂財報，
每年穩賺20%》
定價：250元

《股市贏家的獲利筆
（彩色版）》
定價：199元

小資賺千萬

《讓錢自動流進來
（全彩圖解）》
定價：250元

《35歲開始,讓錢為你工作》
定價：250元

《小資5年,一定要
存到100萬》
定價：250元

榮登各大書店與網路書店暢銷排行榜！
上萬網友一致推薦的收藏好書！

打造新閱讀饗宴！
致富絕學，投資新法，盡在茉莉！

打造新閱讀饗宴！
致富絕學，投資新法，盡在茉莉！